全国高等美术院校建筑与环境艺术设计专业教学丛书　The Beginning of
实验教程　　　　　　　　　　　　　　　　　　　Architecture — Expression on Paper

建筑造型基础——纸上表现 王冠英　编著

中国建筑工业出版社

图书在版编目（CIP）数据

建筑造型基础——纸上表现/王冠英编著. —北京：中国建筑工业出版社，2007
（全国高等美术院校建筑与环境艺术设计专业教学丛书）
实验教程
ISBN 978-7-112-09859-0

Ⅰ.建… Ⅱ.王… Ⅲ.建筑设计：造型设计－高等学校－教材 Ⅳ.TU2

中国版本图书馆CIP数据核字（2007）第203501号

责任编辑：唐　旭　李东禧
责任设计：赵明霞
责任校对：王　爽　陈晶晶

全国高等美术院校建筑与环境艺术设计专业教学丛书
实验教程
建筑造型基础——纸上表现
王冠英　编著
*
中国建筑工业出版社出版、发行(北京西郊百万庄)
各地新华书店、建筑书店经销
北京天成排版公司制版
北京建筑工业印刷厂印刷
*
开本：787×960毫米　1/16　印张：12¼　字数：240千字
2008年5月第一版　2008年5月第一次印刷
印数：1—3,000册　定价：39.00元
ISBN 978-7-112-09859-0
（16563）

版权所有　翻印必究
如有印装质量问题，可寄本社退换
（邮政编码100037）

全国高等美术院校建筑与环境艺术设计专业教学丛书
实验教程

编委会

● **顾 问**（以姓氏笔画为序）
马国馨　张宝玮　张绮曼　袁运甫
萧　默　潘公凯

● **主 编**
吕品晶　张惠珍

● **编 委**（以姓氏笔画为序）
马克辛　王国梁　王海松　王　澍　何小青
何晓佑　苏　丹　李东禧　李江南　李炳训
陈顺安　吴晓敏　吴　昊　杨茂川　郑曙旸
武云霞　郝大鹏　赵　健　郭去尘　唐　旭
黄　耘　黄　源　黄　薇　傅　祎　鲍诗度

总 序

中国高等教育的迅猛发展,带动环境艺术设计专业在全国高校的普及。经过多年的努力,这一专业在室内设计和景观设计两个方向上得到快速推进。近年来,建筑学专业在多所美术院校相继开设或正在创办。由此,一个集建筑学、室内设计及景观设计三大方向的综合性建筑学科教学结构在美术学院教学体系中得以逐步建立。

相对于传统的工科建筑教育,美术院校的建筑学科一开始就以融会各种造型艺术的鲜明人文倾向、教学思想和相应的革新探索为社会所瞩目。在美术院校进行建筑学与环境艺术设计教学,可以发挥其学科设置上的优势,以其他艺术专业教学为依托,形成跨学科的教学特色。凭借浓厚的艺术氛围和各艺术学科专业的综合优势,美术学院的建筑学科将更加注重对学生进行人文修养、审美素质和思维能力的培养,鼓励学生从人文艺术角度认识和把握建筑,激发学生的艺术创造力和探索求新精神。有理由相信,美术院校建筑学科培养的人才,将会丰富建筑与环境艺术设计的人才结构,为建筑与环境艺术设计理论与实践注入新思维、新理念。

美术学院建筑学科的师资构成、学生特点、教学方向,以及学习氛围不同于工科院校的建筑学科,后者的办学思路、课程设置和教材不完全适合美术院校的教学需要。美术学院建筑学科要走上健康发展的轨道,就应该有一系列体现自身规律和要求的教材及教学参考书。鉴于这种需要的迫切性,中国建筑工业出版社联合国内各大高等美术院校编写出版"全国高等美术院校建筑与环境艺术设计专业教学丛书",拟在一段时期内陆续推出已有良好教学实践基础的教材和教学参考书。

建筑学专业在美术学院的重新设立以及环境艺术设计专业的蓬勃发展，都需要我们在教学思想和教学理念上有所总结、有所创新。完善教学大纲，制定严密的教学计划固然重要，但如果不对课程教学规律及其基础问题作深入的探讨和研究，所有的努力难免会流于形式。本丛书将从基础、理论、技术和设计等课程类型出发，始终保持选题和内容的开放性、实验性和研究性，突出建筑与其他造型艺术的互动关系。希望借此加强国内美术院校建筑学科的基础建设和教学交流，推进具有美术院校建筑学科特色的教学体系的建立。

　　本丛书内容涵盖建筑学、室内设计、景观设计三个专业方向，由国内著名美术院校建筑和环境艺术设计专业的学术带头人组成高水准的编委会，并由各高校具有丰富教学经验和探索实验精神的骨干教师组成作者队伍。相信这套综合反映国内著名美术院校建筑、环境艺术设计教学思想和实践的丛书，会对美术院校建筑学和环境艺术专业学生、教师有所助益，其创新视角和探索精神亦会对工科院校的建筑教学有借鉴意义。

吕品晶

中央美术学院建筑学院教授

前言

在中国传统的建筑院校中，接受建筑启蒙教育的学生在造型基础方面学习的课程主要分为两大部分。一是"建筑设计初步"类课程，它主要训练学生最基本的图示语言和形态创造能力。其中图示语言部分主要为工程制图和草图能力的训练，而形态创造训练方面则常常包含了被常规艺术院校艺术设计专业所广泛采用的"三大构成"（或"五大构成"）。且以"立体构成"为主，以"平面构成"、"色彩构成"等为辅，着重培养学生的"二维"和"三维"构图能力。二是"美术"类课程，它着重训练学生的绘画水平，熏陶学生的艺术修养。其主要的教学方法也多沿用培养画家的基本过程，先素描，后色彩，着重培养学生对体积、色彩、质感的写实能力。

这样的模式，其源头来源于德国的包豪斯。包豪斯的所有学员在入学后的半年中将首先接受预备教育，其内容包括基本造型、材料研究、工厂原理与实习等，主要课程有康定斯基的"自然的分析与研究"、"分析绘图"，克利的"造型、空间、运动和透视研究"，纳吉的"悬体联系"、"结构联系"、"质感联系"、"铁丝、木材结合"、"构成及绘画"，伊顿的"自然物体研究"、"古代名画分析"……[1]这些课程既有培养传统艺术家所必需的造型修养训练内容，又有类似训练手工艺匠人的材料及其加工技术训练。

在包豪斯的教学体系中，不管是纯艺术类的课程还是强调实践的课程，都把分析、抽象能力的训练作为重点。例如，约翰·伊顿在教学中，一方面强调色彩、材料、肌理研究，并把它们运用到平面或立体形式中去；另一方面还研究古画，分析其视觉规律，培养学生的分析能力和抽象能力。康定斯基到了包豪斯以后，也关注于抽象的色彩和形体，并出版了《点·线·面》一书。这些都反映了"构成主义"[2]在当时包豪斯的造型基础训练中占据了重要的地位。

国内传统工科类建筑院校的建筑造型基础课开始借鉴包豪斯始于20世纪80年代。由于教学条件的局限和课程设置的不同,中国的建筑院校当时还不可能给学生太多在工作室手工的实践机会,只能以较为简单的手工制作和纸面抽象构图练习来帮助学生学习"构成"。如同济大学的莫天伟教授在20世纪70年代后期就率先在设计基础课程中进行改革,将平面构成、立体构成、色彩构成和空间限定等概念引入新的教学体系,并在20世纪80年代中期逐步将形态构成与建筑设计课程有机结合,创立了新的教学体系[3]。清华大学建筑学专业的形态构成教学始于1980年,最初移植于美术院校的相关课程,经过消化吸收、借鉴积累,逐步融入了自己的专业教学体系。[4]

以上的培养模式,在当时有着其存在的理由和成功的一面。因为,对于大多数工科院校的建筑学学生来说,他们没有扎实的美术基本功,造型能力比较薄弱,亟需通过美术课和设计初步课程中的构成训练来培养艺术素养。通常,这种模式中的美术课是由艺术家来担当的,他们能教学生把静物或风景画得很像,色调、质感非常逼真;设计初步课程的老师大多出身于建筑设计专业,他们虽然不是高明的画家,却能教学生平面构成、色彩构成、立体构成,能让学生用逻辑演变、构图原则来"玩形态"。

但是,接受了以上两门基础课程的学习,许多同学却还是在后续的课程设计中暴露出了一些问题:许多具备了较强写实能力的学生,在设计课上,却无法将他们脑子中的东西变为草图,建筑效果图的表达也非常吃力;能够轻易地在构成设计作品中做出完美形态的"大师",却在进入下一阶段的设计课学习时,处处碰壁,因为他们的完美构图往往违背了基本的建筑概念,诸如空间、尺度、结构、材料等。

而且，近年来许多美术院校的建筑系开始招收建筑学专业的学生，与传统理工科学校的学生生源不同，他们的手绘能力与发散性思维较强，但文化课底子较弱，数学、物理等方面的知识不扎实，对技术课程的学习兴趣不大。

在新的时期，怎样在建筑造型基础类课程中寻求有效的教学方法。许多院校都在作着各自的尝试。

同济大学引入了有关营造基础的实验性课程，如"受荷构件"、"材料与建造"、"空间与包裹"、"光与空间"等练习，并增加了陶艺、纸雕、木刻等动手实验，"帮助学生了解材料的性能、力学结构、构建细部和建构的可能性，把握其与建筑元素之间的关系，以及对空间、环境与形态的理解"。[5]

中央美院建筑学院在其造型基础系列课程中引入了几何素描、机械写生和生物骨骼写生，并在其空间形态研习课题系列中进行了"盒子"、"奶酪"等作业训练，试图"通过造型、空间、思维训练和实地教学，建立感性认识，通过材料实验、结构及构造造型、有限构造等手段，建立触觉经验，形成物我互动、心手相应的以感触方式理解建筑的基础教学结构"。[6]

2000年，上海大学建筑系正式进入美术学院后，开始尝试一种独特的建筑造型基础训练模式。一种注重"形体思维及表现"的概念被引入了一年级的"建筑形态设计基础"和"美术"课中。学生们在美术课上不仅要画他们看见的，还要表达他们脑子里所想的；在形态课上，不仅要"拗造型"，还要建立基本的空间概念、材料概念、尺度概念……

因为，我们认为，形体的"思维"和"表现"是互为因果的两个方面。形体思维的结果需要由完美的表现来传达，而一定的表达方式又能很好地辅助形体思维的展开,它们之间的互动就能保证形体设计中"动脑能力"和"动手能力"的协调发展。而且,在高等美术院校建筑专业的学生中尝试这样的训练模式,有着天然的优势。对他们来说,美术基本功训练和基本造型能力已经过关,可以不必再浪费太多的时间再画景物写生、练习三大构成,可以在训练头脑思维和动手方面花更多的时间。

  通过数年的实践,我们积累了一定的实践成果。按照形体思维的表现手段不同,我们将建筑造型基础训练分为"纸上表现"和"非纸上表现"两个部分。纸上表现的方法和训练过程,主要以绘画表达为主,它可以是草图、速写、全因素素描、设计素描等,它的主要表达介质是纸张。非纸上表现的训练过程,主要以实物制作或模型表达为主,它们主要依靠学生在工作室内利用各种加工手段,动手实践而产生,其表达介质超出了纸面,可以是模型、装置或其他手工作品。

王海松

注释:

  [1] 董占军编译.外国设计艺术文献选编.济南:山东教育出版社,2002:95~96.
  [2] 1913年,"构成主义(Constructivism)"在俄国产生,作为立体主义的延伸,它最早出现在雕塑领域,后被迅速应用于建筑设计、产品设计、绘画、戏剧等领域,并被1919年成立的包豪斯作为造型基础训练的内容。
  [3] 同济大学建筑系建筑设计基础教研室编.建筑形态设计基础.北京:中国建筑工业出版社,1981:3(1981年11月第一版,1996年11月第三次印刷)
  [4] 田学哲等著.形态构成解析(前言).北京:中国建筑工业出版社,2005.
  [5] 王海松主编.3+1建筑院系学生作品联展.北京:中国建筑工业出版社,2006:41(莫天伟语).
  [6] 王海松主编.3+1建筑院系学生作品联展.北京:中国建筑工业出版社,2006:9(吕品晶语).

目 录

总序
前言
第1章　形体的发现 ··· 1
　　1.1　形体来源于自然——发现形体 ······································ 1
　　1.2　自然中的形体的概括——抽象形体 ······························ 16
　　1.3　自然中的形体与形体——形体的复数 ·························· 20
第2章　形体与空间的理解与徒手表达 ······································ 29
　　2.1　对于形体与空间的理解 ··· 29
　　2.2　理解空间——现实与纸上的空间与形体的异同 ············ 37
　　2.3　空间表现方式 ·· 42
　　2.4　结构素描——以线为主表现体量及空间的方法 ············ 70
　　2.5　全因素素描——以明暗为主表现体量及空间的方法 ····· 92
第3章　表面肌理与色彩感的表现 ··· 100
　　3.1　表面肌理 ··· 100
　　3.2　肌理表现的类型与视觉特征 ····································· 100
　　3.3　素描中的色彩感 ··· 102
　　3.4　素描中表面肌理与色彩感的综合表现 ························ 105
　　3.5　明暗素描的艺术特色 ··· 107
第4章　形体的概括与快速表达 ··· 113
　　4.1　记录本——观察与思维快速表达的载体 ···················· 114
　　4.2　了解并掌握工具——观察与思维快速表达的途径 ······· 114
　　4.3　线条表现力——观察与思维快速表达的手段 ············· 116
　　4.4　用线条表现质感——表现技法的再认识 ···················· 116
　　4.5　快速表现的步骤与要点 ··· 118
　　4.6　快速表现的训练步骤 ·· 123
　　4.7　设计速写的形式 ··· 127
　　4.8　快速表现的应用 ··· 130
第5章　形体的演绎与深入表达 ··· 140
　　5.1　基本形体的变化与联想 ··· 140
　　5.2　形体的演绎与深入表达 ··· 158
参考文献 ·· 181
后记 ·· 183

第1章
形体的发现

1.1 形体来源于自然——发现形体

一、形体的概念

形体就是形状和体积的简称,是造型艺术中最基本的概念之一。

1. 形状

在很多人的眼中,形状就是外轮廓,"轮廓"这个词太容易同物象投射到平面的影子混为一谈,因为照着影子描摹下来的外形线就是轮廓,见图1-1。这里轮廓就只包含二度空间的因素。

轮廓是指平面的外形,它只含有面积的因素,而不包含体积的成分。如一本书是长方形,一个圆球是圆形,但长方形和圆形不是书和球的形状,长方体、球体才是它们的真实形状。轮廓是二度空间的概念,是在平面上把物体和外面分割开的外部边界线,它不代表物体的真实形状。第一,它代表不了物象内部起伏不平的状态;第二,我们所知觉到的物体形状并不一定与物体的实际边界线相等。轮廓不能正确地显示物象的各个部位在空间的位置,以构成物象的正确形状。例如我们想画出一个房间和房间里的物品,先画出房间的外轮廓,再画房间里各种物品的轮廓。结果这些物品却不像放在房间里,而是同房间的大门或墙壁处在同一平面上(图1-1)。

根据我们眼睛的视觉原理,任何一个物体的外部边缘或内部边缘的任何一点,都是处在不同的空间位置上的,没有相等的。在纸上表现中不需要像自然科学那样的精确计算,但大的区分还是必要的,否则,就无法传达出物体的三度空间。纸上表现的基本任务之一,就是要在二度空间上画出物象的立体特质,而立体感的产生只能依赖于三度空间的显示。"正因为如此,我们才说,一件物体的真实形状是由它的基本空间特征所构成的"(阿恩海姆)。

剪影可以看作是二维的图案(图1-2)。

第1章　形体的发现

同样的轮廓线可以代表不同的形体朝向(图1-3)。

要描绘的物象，应首先确定物象在空间的所有位置。由于开始就强调了空间的概念，当作画者再去看对象时，他眼中的外部边界线和内部边界线就完全不同了。他发现原来看似一样的边线，其前后的空间位置相差很大。通过分析，在画某一部位的时候，就会有意识地同别的部位进行比较，会意识到所画的点、线要表示不同的空间位置，以使物象各部分的空间关系协调，正确地传达物象的立体特质。经过训练，立体概念——这个纸上表现的基本观念就会在学生头脑里树立起来(图1-4～图1-9)。

2. 体积

形状和体积是不可分割的一个整体。形状是物象给人的一种外在感觉，是物象的外部形态特征；而体积则是物象内部的量集合，是从积量、容量上来表示物体的空间形态。如果说形状是一个物象的表象，那么体积就是它的内质形态。形体同时包含了形状和体积两个概念。形状和体积是一个物体的两面，不能脱离了体积去讲形状，也不可能脱离了形状去讲体积。凡是我们眼睛所能看到的，有形状就有体积，有体积就有形状(不过，我这里所说的形状同前面所论述的一样，是指一件物体的真实形状，而

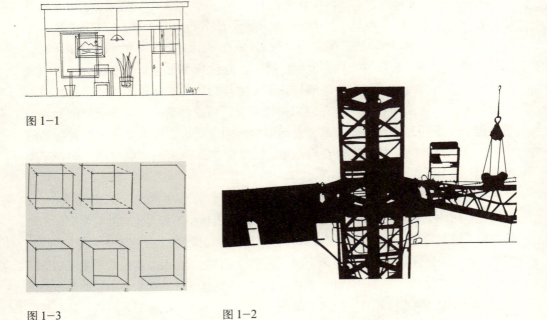

图1-1

图1-3　　　　图1-2

1.1 形体来源于自然——发现形体

图1-4

图1-5

□ 第1章 形体的发现

图1-6

图1-7

图1-8

不包括因为其他的因素而改变了的形状，例如影子，虽有形但无体积）。有些东西，只是因为体积微弱，往往忽视其体积的存在。例如有些纸张，虽然薄但依然有厚度，因此也就有体积。所以形体两个概念是并列连在一起的，当看到形时应同时要想到体积。

图1-9

二、自然中形体的基本存在形式

物体的体积是由量的堆积形成的。每一个实体都是由无数的线条、平面、弯曲的表面以及大小和形状不同的积量所构成的。根据积量的多少和形状的差异，体积大致可以分成这样几类：

1. 积量体积

这类体积是由大面积的量多次堆积聚合而成的（图1-10～图1-14）。

积量体积因为其占有的空间大、积量重，在视觉上给人以一种坚实厚重感，例如石块、山川、房屋的墙与柱等。雕塑艺术特别重视积量体积。在描绘中，对于积量体积的表现能使形体更加结实。积量体积具有一种稳定感。

图1-10

1.1　形体来源于自然——发现形体

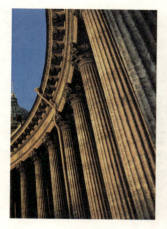

图 1-11　　　　　　图 1-12　　　　　　图 1-13

图 1-14

2. 线型体积

线型体积是由面积小的量单位，朝一个方向多层次的反复重叠而成。因此，它容易给人造成一种运动感，如线绳的由近而远、公路的由近而向远方延伸等等。它的特点是其横截面与其长度的比例相差很大(图1-15～图1-19)。

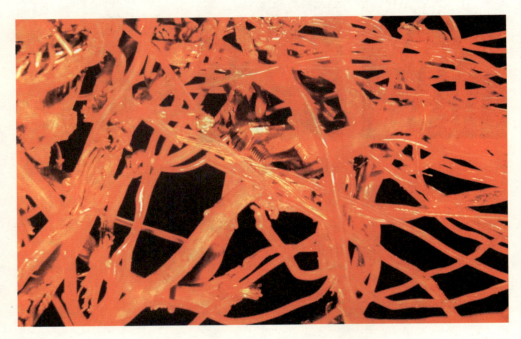

图1-15

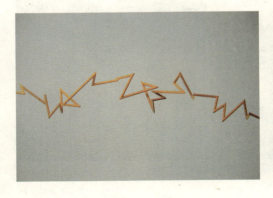

图1-16

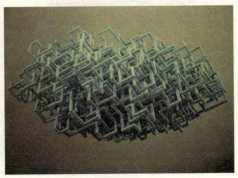

图1-17

1.1 形体来源于自然——发现形体

图1-18

图1-19

3．式微体积

这类体积是由大面积的量，少层次堆积而形成的（图1-20～图1-23）。

因其面积大、重叠少，而容易给人造成波动感。它的特点是容易变形，如一张铁皮、一张纸、一块布可以很容易改变其原来的形状，而描绘中利用它的特点，则可使形体变得丰富起来和获得一种装饰效果。

图1-20

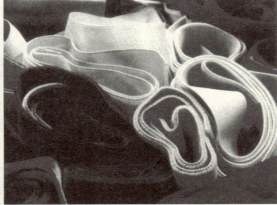

图1-21

图1-22

图1-23

1.1 形体来源于自然——发现形体

图 1-24

图 1-25

图 1-26

4．容量体积

这类体积的特点是实的积量的内部包含着虚的空间（图1-24～图1-28）。

容量体积在占有空间的同时，又放弃一部分空间，使自己变得更加灵活。一方面显示出一种神秘感，另一方面亦使自己更好地同别的形体加强联系。

第 1 章　形体的发现

图 1-27

图 1-28

1.1 形体来源于自然——发现形体

我们尝试判断以下图例(图 1-29～图 1-37)是哪种体积的构成方式。

图 1-30

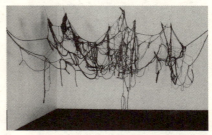

图 1-29

图 1-31

13

□ 第1章 形体的发现

图 1-32

图 1-34

图 1-33

1.1 形体来源于自然——发现形体

图 1-35

图 1-36

图 1-37

15

1.2 自然中的形体的概括——抽象形体

上述四种体积形态基本上包括了所有物体的形态。但是，客观世界并不是我们所想像的那样简单，各种物象的形体并非都像我们上述的形态那样有规则和易于划分。实际上有规则的形体并不多见，单独以一种形态呈现的物体也是很少的，绝大多数的形体是不规则的，是各种形态的混合体。简单的如圆球、立方体等等，复杂的有人、动物、植物、机器、车辆等等。但不论是简单的还是复杂的形体，我们都可以运用结构的分析即用某一类似的几何形体去分析和理解客观物象的形体。如用球体来表示圆形的瓜果等类的物体，用长方体来表示书本、方形的楼房等形体(图1-38)。复杂的人物同样能用几何形体概括。通过分析，我们发现，任何一种客观物象的形体都可以用类似的几何形体来构成和替代，而且，经过这样的概括替代之后，客体的形体变得简单，变得明确，十分复杂的物体也就变成了若干几何形体的组合，这些几何形体所显示的正是物体的基本形体。如此类推，任何复杂的客观物象的形体均归类到某一几何形体或某几个、几十个几何形体的组合。这些几何形体的基本形态可分为以下几类。

(1) 方体：立方体、长方体、扁方体、棱体、梯体等以及相近的演变体(图1-39～图1-41)。

图1-38

1.2 自然中的形体的概括——抽象形体

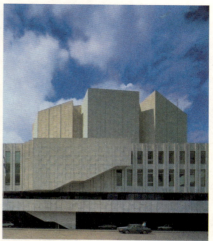

图 1-40

图 1-39

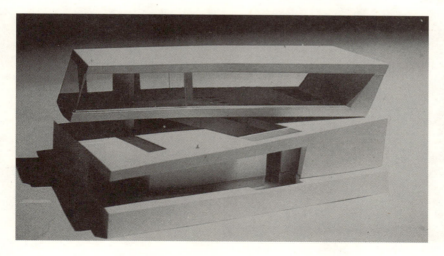

图 1-41

(2) 圆体：球体、圆柱体、圆台体、橄榄球体等以及相近的演变体(图1-42)。

(3) 角锥体：三角体、圆锥体、角锥体、金字塔体、不规则锥体、角体等以及相近的演变体(图1-43～图1-45)。

这些几何形体和它们的演变体，可以构成世界上任何复杂的形体。在设计领域内，设计家们将一个整体分离成若干几何形体，以便于利用这些几何形体的不同组合，构成新的形体(图1-46～图1-50)。这是利用立体构成的原理，使得设计更加新颖和丰富多彩。而在纸上表现中，则是利用同一原理，将不规则、不明确的形体强化成类似的几何形体，以更好地把握住其形体特征。

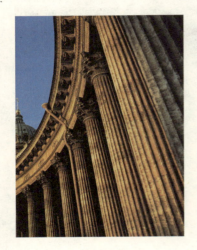

图1-42

图1-43

图1-44

图1-45

1.2 自然中的形体的概括——抽象形体

图 1-46

图 1-47

图 1-48

图 1-49　　　　　　　　　　　　　图 1-50

几何形体分析和构成的方法，能帮助我们有效地把握客观物象的形体特征。

（1）简单的几何形体是较易于想像而便于建构的。同时它们也是最易于控制和最易于描绘的。

（2）几何形体的形和体给人的印象深刻而清晰、明确而肯定，容易记得住。人的视知觉具有选择和简化形体的功能，几何形体的运用符合这一原则。

（3）纸上表现中最难把握的是物体大的基本关系——基本形，而几何形体的分析和构成方法恰恰抓住了这一要点，它摆脱了许多细节的起伏，只注重大的形体的倾向。

1.3　自然中的形体与形体——形体的复数

我们了解形体，是为了在描绘中更好地利用和表现它。形体是纸上表现的最基本概念，是艺术家用来构成表达感受和想像力的视觉式样的基本因素。形体是客观世界所存在的、千变万化的，只有艺术家赋予形体一种意义时，它才具有表现价值。也就是说，只有形体进入我们的意识之后，它才具有美感意义，才能被作为艺术表现的基因(图1-51)。

艺术家在观看一个形体时，总习惯赋予它一定的意义，并试图发掘它的表现价值。艺术家眼中的形体已不仅仅是自然存在的形体，而是自然形体加上美的含义的意象。自然界的一切形体均会对艺术家的视知觉产生刺激，然而艺术家只挑选那些他看中的形体即被他赋予了某种意义的形体来描绘。这种被赋予的意义在很大程度上会影响他对这个形体的处理方式。因此，训练学生对形体的反应能力，将是我们纸上表现教学的重要任务之一(图1-52)。

在进行形体的感受训练时，必须借助多样化的客观媒介，如积量式的、容量式的、式微式的、规则的、不规则的等等，体会各种形体传达的美感意义(图1-53、图1-54)。另外，选择一些实际材料，如做雕塑用的泥、铁丝、铁片、木棒、纸盒等，进行各种形体组合的实际操作，并不断地改变它的形体，在经过增加和递减之后，体会形体意义的改变。在学习的实践中，一切形体并不是如同石膏几何形体那样单纯可辨，各种因素均影响着形体的视觉效果：形体自身的规则与否，形体本身的表面质地、固有色彩、图案、肌理效果以及周围环境的影响，均对视知觉产生相反的抵触作用。所以，当我们看白色物体和灰色物体时，对形体的感受就大不一样。前者形体容易辨认并给我们一种纯洁的感觉，而后者则不大分得出其体积感，给我们的是一种庄重的感觉(图1-55、图1-56)。

图1-51

图1-52　包豪斯学院当时的作业讲评现场

□ 第1章 形体的发现

图1-53

1.3 自然中的形体与形体——形体的复数

图 1-54

图 1-55

图 1-56

□ 第1章 形体的发现

　　图1-57中投射在人体上的条状阴影，使我们增加了对人体辨认的难度。同时，又因为人体的不规则性，影响了空间效果的传达。因此我们能十分清楚地感受到形体的形状，而不容易辨认它的真实形状。当然，尽管难以辨认，我们最后还是能获得形体的基本形状的，这是因为我们的视知觉具有简化与归纳的能力。通过理性的分析，我们的视知觉就能排除那些偶然性的因素，从而抓住客体形体的固有式样，使那些表面的颜色、肌理服从于形体的转折。我们在认识形体时所作的努力(如排除环境光线的影响，透过表面的色彩、质地、肌理而进行的分析判断，使不规则的形体规则化)，是为了抓住形体的实质。但是，在最后具体表现时，这种形体还必须与最初的感受重新融合在一起。我们抽取了形体的实质，最后再将形体还给感觉。这种抽取形体实质和形体表现感受的能力，正是艺术家艺术造型的基础。

图1-57

图 1-58

此外，我们观察形体的角度不同，所产生的形体感受也不相同。我们从俯、仰、正、侧各个不同角度去看物象，形体感受差异颇大。如在地上仰看大楼，其高大雄伟令人惊叹不已；而在高空上看它，则觉得其与大地相比显得微不足道。因此，如何选择有代表性的角度，是我们表现物象时最先考虑的问题(图1-58)。

在纸上表现教学中，我们不仅要强调对客观形体的理解和认识，更要强调对形体的主动把握，强调对形体美的感受。当人们用艺术表现的眼光去看形体时，形体就不仅仅只是量与量的集合了。形体被赋予一种意义之后就具有了生命力。

形体的内部蕴藏着只有我们的心灵才能感受到的东西。如一个圆球，你可体会到力的聚集与膨胀，也可感觉到它随时可出现的运动趋向。凡是与这球有关的属性，都使我们联想到它具有的意义。在艺术家眼中的形体，只有被赋予一种意义之后才是美的、富有生命力的。但是，艺术家最后用实际材料所表现出来的艺术作品中的形体，并不完全是他心中的形体，而心中的形体只能被大概地表现出来。这是因为心中的形体在被物化的过程中，不断地被改动、修正。在艺术作品里，任何一个用实际材料所构成的形体，都具有表现性的因素，不管它是否表现了具体的物象，也不管它的位置、大小如何。因为在这里，它不具有客观表现所应有的内在意义，就有其在构成画面的视觉式样时作为画面形体存在的意义。画面的形体与实际的形体不是一回事，同艺术家心里的形体也不是一回事。一般画面的形体均包含着两方面的因素：一方面是指客体在画面中的具体替代物；另一方面是指它在分割画面、构成画面时作为符号的作用(图1-59～图1-61)。

□ 第1章 形体的发现

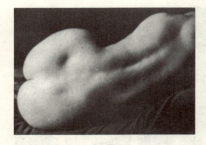

图 1-59

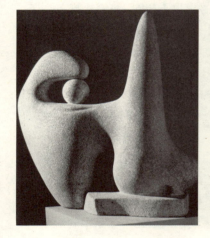

图 1-60

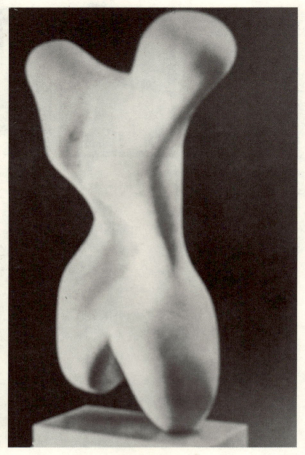

图 1-61

综上所述，我们对形体有了大概的理解。一是作为客观存在的形体，其形状和体积既是千差万别的又是类型化的，看起来复杂，却又是可以按规律去把握的。二是艺术家心中的形体，已不同于自然界的形体，它是被赋予了一种意义的、被改造过的、有造型价值的形体，它是创造的基因。三是画面的形体又不同于艺术家心中的形体，它一方面是客体的象征，另一方面是构成表现的一个符号(图 1-62～图 1-67)。

1.3 自然中的形体与形体——形体的复数

图 1-62

图 1-63

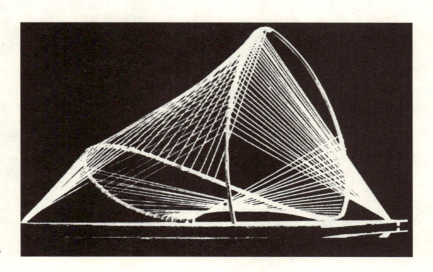

图 1-64

第1章 形体的发现

图 1-65

图 1-66

图 1-67

第2章
形体与空间的理解与徒手表达

2.1 对于形体与空间的理解

一、空间的概念——形体表现的前题

在任何艺术作品中，空间与形体的关系，已经成为艺术家所关心的一个重要问题。

1．空间的概念

"空间"一词作动词解时所作的定义是"置于中间或安排在两者之间"。这说明对于这个词有创造的含义。空间是一重超越了可描述概念的意念，它是难以用语言表达的。

2．透视——纸上表现的空间制造的重要手段

纸上表现对空间的理解离不开对透视知识的掌握。在平面上表现空间运用点、线、面造型，首先受到客观物象透视关系的制约。由于选取物象视觉角度的变化，物象形状轮廓、高低大小也跟着改变。这种变化的规律就是透视。正确运用透视知识才能准确表现出物象的远近、比例、空间关系和物象的立体感（图2-1～图2-4）。

下面介绍一下焦点透视常用的名词和概念。

(1) 视域——人眼正常观察范围是60°，超出这个范围，透视形状将失态，不准确。

(2) 视点——画者眼睛的位置。

(3) 心点——视点对物体的垂直落点。

(4) 视线——视点与物体间的连线。

(5) 视中线——视点与心点连接的直线，是视线中离物象最短的、最正中的一条线，代表视点与物象的距离，又称视距。

(6) 视平线——以心点为枢纽在景物上画一条水平线，水平线与眼睛平行，称为视平线。在平视时恰是地平与天空在远处相接的地平线的影线，代表视点位置的高度。

(7) 灭点即消失点，物体只要与视点有深度距离的变化，其物象就要从高度、宽度和深度上产生近大远小的变化和消失现象（见图2-5、图2-6）。

图 2-1 透视一

图 2-2 透视二

图 2-3 透视三

2.1 对于形体与空间的理解

图 2-4 透视四

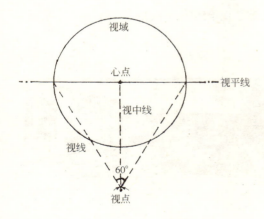

图 2-5

图 2-6

二、透视空间的几种表述方式

1. 平行透视

这种透视法是文艺复兴时期画家们发展起来的表现距离的透视方法。通过线段透视法，画家可以按距离用他眼中的自然状态来表现距离。因为物体越远越小，平行线确实看起来仿佛集中了，而水平线仿佛呈不同角度。原则很简单，但线段透视一旦碰到画面上多种物体有趣地交织在一起时，情况就复杂了。如果素描要按我们的印象显得正确无误时，困难就尤其难免了。

大多数的设计者了解和使用这种透视法。当这种方法运用得完全准确时，它有其创作时的局限，因为主题是从单一的一点上来观察的，而且视线又只是对着景物的一点上。

在60°视域中立方体不论在什么位置，只要保证有一个面与画面平行，则称为平行透视。这包括具有立方体性质的任何物体。它的平行线与垂直线为原线，方向不变，无消失点，只发生长短变化，所有与画面成直角的边线称为透视变线，都消失至心点，也称一点透视(图2-7、图2-8)。

2. 成角透视

在60°视域中，如果平视的立方体没有一个面平行于画面，只有一条垂直边离画面最近，其左右两个立面与画面成角度的透视称为成角透视，也称两点透视。这同样包括具有立方体性质的任何物体。它的垂直线为原线，方向不变，无消失点，只发生长短变化，与画面成角度的两个立面的直角变线，成为两组变线，分别消失在心点两侧的视平线上，称为余点(消失点)(图2-9、图2-10)。

运用焦点透视法作画时，眼睛的位置决定了视平线(地平线)的高低，形成了平视、俯视、仰视的画面透视效果。

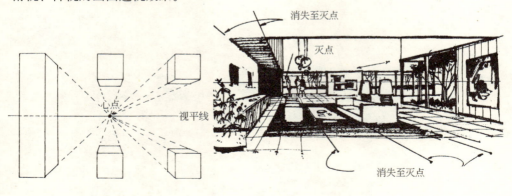

图2-7　一点透视一　　　　图2-8　一点透视二

2.1 对于形体与空间的理解

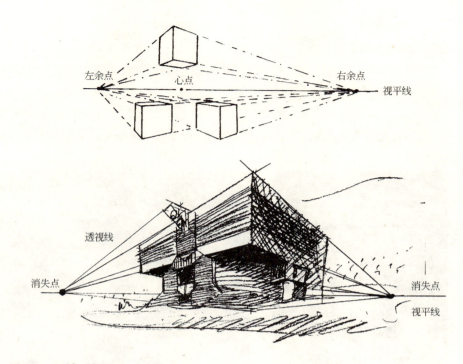

图 2-9 两点透视一

图 2-10 两点透视二

(1) 平视时，使人感觉平静、舒展，物象视觉稳定(图2-11)。
(2) 俯视时，使人感觉场面宏大壮观，透视变线强烈，物象视觉有动感(图2-12)。
(3) 仰视时，使人感觉高大、气势雄伟。透视变线强烈，物象视觉有崇高感(图2-13)。

3．分层空间

埃及、东方和其他文化表示空间的方法，是把画的各部分作多个层次布局。底部表示最近于观者，顶部表示最远于观者。从图2-14中可以看到这种体系的变体。

图2-11

图2-12

图2-13

图2-14

4. 散点透视(等大的透视)

散点透视是与焦点透视相对的一种透视方法。在传统中国画中称"三远法",即"高远"、"平远"、"深远"。

散点透视的基本含义是移动视点,打破一个视域的界限,采取多视域的组合,将景物自然地、有机地组织到一个画面里。移动视点多视域的组合,能广视博取,灵活取景,组织构图。

(1) 横向复合视域的组合

横向复合视域的组合可以组成横幅、长卷形式的画面。

a.定位转向法:位置不变,眼睛环视左右进行观察写生,达到横向视域排列组合。每个视域的心点,统一到同一视平线上,由于每个视域物象,观察角度距离不同,在画面上的形象也不同(图2-15)。

b.横向平移法:横向移动视点,以一定的视距角度作并行运动观察,得到连续视域,把它们连接起来,每个视域的心点仍然统一到同一视平线上(图2-16、图2-17)。

(2) 纵向复合视域的组合

纵向复合视域的组合可以组成立幅形式的画面。纵向移动视点,观察方法同横向复合视域组合规律一样,只是方向不同。可采用定位仰、俯视域组合和视点纵移视域组合(图2-18)。

复合视域的组合,其中分为有迹消失和无迹消失两类。以上复合视域的组合方法,是有消失轨迹的散点透视效果,适合建筑速写写生运用。在运用焦点透视法写生时,也常借用散点透视的方法,依据构图和内容需要将单视域以外的物象移到画面内。移景

图2-15 徐善循

□ 第 2 章 形体与空间的理解与徒手表达

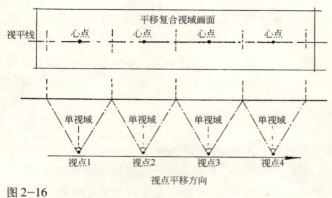

图 2-16

图 2-17 陈伟

图 2-18 徐善循

的物象消失线要统一在原视域的视平线上,被移景物才能有机地与原视域结合,自然,不留痕迹。

5. 空间透视

这种透视法是建立在这样一个原则上的:因为大气条件的缘故,物体的颜色和明暗越往后退,其色调就越发失去强度和深度(图2-19)。这个问题,我们在明暗关系一节将进一步讨论。

图2-19

2.2　理解空间——现实与纸上的空间与形体的异同

现实空间与纸上表现空间的划分,限定了我们研究的范围,使我们研究的目标更加明确。我们研究的是纸上空间而不是现实空间,二者不能混淆在一起。用现实空间特性去要求纸上空间,只会使我们误入歧途。纸上表现空间是对自然的一种创造而不是模仿，它不可能也不必要非常真实地去描摹自然真实空间。即便是非常写实的绘画，也只是截取了自然空间中的某一部分来表现的(不可能全部)。一张画给人们提供的只是一个视觉式样。

"空间"，是指客观物质存在的形态。凡是占有面积和体积的就是"空间"，占有面积的称为二维空间，占有体积的称为三维空间。现在有人在三维空间基础上加上时间空间，称为四维空间或多维空间。但是在这里，三维空间是我们空间研究的重点。

我们把空间的特点归纳如下：

(1) 现实世界的空间是无形的。

(2) 现实世界的空间与纸上表现中的空间是完全不同的。

(3) 纸上表现中的空间是一种虚幻空间——即视觉空间(或叫感性空间)。

(4) 纸上表现中虚幻空间必须依靠视觉的替代物(如色彩、线条、明暗)来显现(图2-20~图2-23)。

(5) 纸上表现空间的建造方式是限定和组织空间，形成空间形式的结构与排列(图2-24、图2-25)。

(6) 纸上表现空间的特点：①是一个独立的完整的体系；②是创造而不是再现；③表现形式是多种多样的。

纸上表现的基本特质之一，就是要在平面的基底上画出立体的物象。物象立体感的产生又基于空间透视的原理。只要正确地显示了其透视原理，就能正确地表达物象的立体特征。物象以自身的中心为基点，形体逐渐向左右、上下、前后三个方向去扩展而占有空间，使自己的形体成为空间中的一部分。在纸上表现中，我们人类视觉之所以能感受到三度空间，是因为视觉梯度造成的。这里所说的梯度，是指绘画中的视觉替代物的"质"在时空中的逐渐增加或逐渐减少。如图2-26中的图形(不论是单个的还是一组的)均是以均匀变化的距离而逐渐脱离开的，形成了从前到后的视觉梯度。同时，作为视觉的替代物的形状和梯度增减的规则与否，对视觉梯度的影响也是不容忽视的。

以图2-27与图2-28相比较，我们就会发现：规则的形体和均匀的梯度增减，所显示的深度感就强烈；而不规则的形体和不均匀的梯度增减，所显示的深度效果就差一些。另外，作为视觉替代物(色彩、线条、明暗)的"质"的变化，对视觉梯度的显现也具有一定的影响。

2.2 理解空间——现实与纸上的空间与形体的异同

图 2-20 王冠英

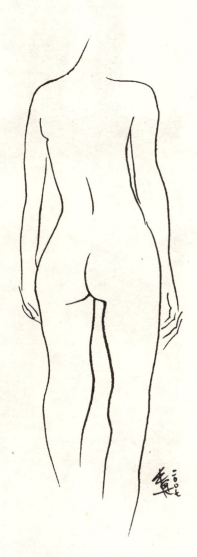

图 2-21 王冠英

第2章 形体与空间的理解与徒手表达

图 2-22 毕加索

图 2-23 达利

图 2-24 王冠英

2.2 理解空间——现实与纸上的空间与形体的异同

图 2-25

图 2-26

图 2-27

图 2-28

2.3 空间表现方式

在纸上表现中，这种以视觉梯度而形成的绘画空间，描绘它的形式可以变化无穷。但最主要的有两种表现方式，即明暗光线表现和线条表现。

一、直接的空间表现——用明暗光线的描绘显示空间

利用光线照射到物象上所产生的明暗色调的描绘来显示空间，实际上是利用亮度形成的梯度来显示的。亮度最大的区域，就是距离光源最近的区域，这样，亮度同样也能为空间距离确定一个基点。但这个基点并不一定位于前景中，如我们常常碰到的逆光中的物象和侧光照射的物象，光源可能在空间任何一个地方。从这一基点出发，在空间形成一个亮度逐渐减弱的梯度，这一梯度的方向是向前后、左右、上下放射的。因此，亮度创造的梯度是一个以空间中某一点为中心向四面八方放射的球形梯度(图2-29)。

但是，仅仅了解这一点是远远不够的，是无法解决纸上表现中所碰到的实际问题的。以光线照射物体的明暗色调的描绘来显示空间，有这样一些因素必须引起充分的注意。一是客观物象本身的相对明暗值(即客观物象在不同的光线下所呈现的固有色相)。同一物象在不同的光线下显示出不同的亮度(图2-30)。如一张白纸在强光下和在弱光下，其亮度相差很大。但不管差异大小，我们依然能感觉到它是一张白颜色的纸，谁也不会说在弱光下的纸变成了其他颜色。二是不同光线的照射作用。如聚光灯、散光灯的照射，都会产生不同视觉效果。三是在同一光线下，几种不同亮值的物象(即不同的固有色素)显示出不同的亮度。如一块淡黄颜色的布和深紫颜色的布在同一光线下，显示的亮度差别就大。那么，怎样才能判断一个客观物象在光线下的亮度呢？解决第一个问题的办法，是将客观物象同它周围区域的光线联系起来看，就可以找到应有的亮度(即我们通常所说的利用比较的方法)。太阳光下的白纸和阴暗的房间里的白纸都有一个共同点——这就是它比周围所有的东西都要亮得多。解决第二个问题的办法，就是判断光线照射的方式是聚光还是散光。聚光造成的阴暗效果非常强烈，判断其亮度并不困难；如果是散光，则找出一种主要的光源倾向，以此为准去判断各形体的亮度。而第三个问题则显得复杂得多。因为在这种情况下，光线的照射亮度和客观物象自身的相对明暗值混淆在一起，不大容易区分开来。例如，离光源较远的白色物体的明暗对比，往往比离光源近的黑色物体的明暗对比强烈，如果以亮度的对比强弱来判断其在视觉梯度中的位置，则前者一定离光源近，后者离光源远，而实际上正恰恰相反。可见根据明暗来判断并不可靠，因为这还涉及

2.3 空间表现方式

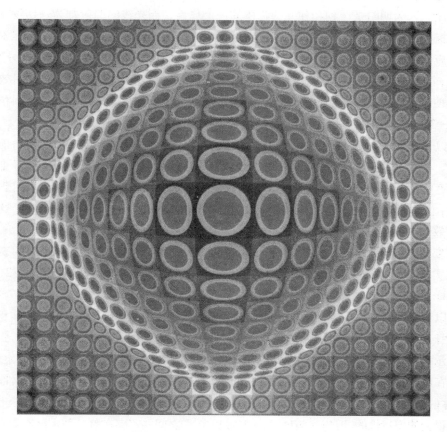

图 2—29

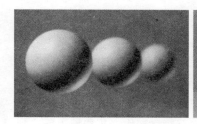

虚实对比

明暗对比强，空间感强

明暗对比弱，空间感弱

图 2—30

到其他许多关于视知觉错觉的问题。遇到这第三种情况，就必须要把握住整幅画的光线对比。因为明暗是个别和独立的物体的一个属性，而光线的照射却为一切物体的存在提供了一个共同的基础。大的光线对比统一整幅画面，各个物体被相应地安排在它应有的位置上，形成了有秩序的空间梯度，从而使画面统一和谐、层次分明。另外，阴影在明暗表现空间的素描中有着一定的作用，它能增加物体的空间效果和促使画面的统一。特别是有些凌空的物体，往往依靠投影来确立它的空间位置（图2-31）。

  以光线明暗对比的强弱来表现空间的素描效果，是通过对客观物象的模仿而再现的，它同黑白照片的明暗效果基本相同。不过，经过艺术家的处理，显得更集中、更整体。从总的感觉上来说，它给人的是一种直观印象。因此，当我们看到画面时，仿佛看到客观形体一样，画面和客观实体给我们的视觉效果是一致的。这种空间效果，我们称之为"直观空间效果"。它可以在画面上较客观地展示一个长廊的深度，也可以在一幅画中展现一望无际的大海。但无论如何，其对空间的表现的真实度总有局限，因为绘画中的空间与现实中的空间毕竟是两回事（图2-32、图2-33）。

  以光线明暗来表现空间效果，带有很大的偶然性。前面我们说过，物体的体积是由自身对空间的占有而显示的。如果排除各种环境的影响，一个立方体木块和一张纸所展示的空间立体效果，应该是绝然不同的。这是由其自身的形状结构形式所决定的。但是在以光线明暗表现空间的素描里，环境因素影响是重大的，有时甚至是决定性的。"物体的最终形象是由物体的形状和光线二者相互作用生成的这种最终产物，实际上是具有很大的偶然性的。因为这两种因素（形状和光线）之间并不存在着一种永恒不变的关系。光线是按照自己特有的方式照射到物体上面的，而物体在不同条件下看上去又是相当不同的。结果，由于照射作用的出现，又在它的原有的偶然性和流动性的基础上增添了新的偶然性质。这就是由透视作用所产生的那些性质——使物体具有偶然性的方向和变化不定的变形形状。"在特定光线的照射之下，一张纸与一个立方体所产生的视觉效果就可能很接近，甚至难以分辨（例如在完全逆光情况下）。这种以偶然的明暗光线的描绘来产生空间效果的素描，最后所达到的画面效果，还必须站在一定的位置上观看才能获得满意的视觉效果。这就是必须站在作者作画时所确定的观看位置上（即作者控制画面的定点）。只有在这个位置上，才能完全领略到作者花费精力所达到

2.3 空间表现方式

图 2-31

图 2-32 王冠英

图 2-33 王冠英

的艺术效果；在任何别的位置上，视觉的效果就要受到影响。这就更加增添了这种空间效果的偶然性因素。这种将客观物象的偶然性形态放在偶然性的光线下来表现的方法，被称之为"短暂的镜头"的艺术手法(图2-34)。这种艺术手法被古代的大师们运用了好多个世纪，但因为其受光线明暗约束太大，以致阻碍了艺术家创造力的发挥；又因摄影技术的不断进步，使这种以再现客观对象为主要目的艺术表现方法，受到严峻的挑战。艺术家辛辛苦苦地工作很长时间才能达到的效果，摄影家往往在一瞬间就完成了。因此，到了19世纪末，这种方法遭到"架上绘画"艺术家们的普遍冷落。

二、间接的空间表现——以线条表现空间

早在人类文化的初创阶段，表现空间的办法就是用线条构成。到了近代，艺术家们又对用线条显示空间表现出了极大的兴趣(图2-35～图2-38)。

以线条表示空间具有以下特点。

图2-34

图2-35

2.3 空间表现方式

图 2-36 王冠英

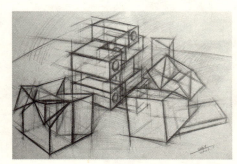

图 2-37 王冠英

图 2-38 王冠英

其一，是明确肯定。我们观察物象时，形状是眼睛所能把握的物象的基本特征。在第一节里我们说过：一件物体的真实形状是由它的基本空间特征所构成的。那么如何去描绘构成形状的那些空间特征呢？最准确的描绘方法就是把造成特征的所有点的空间位置确定下来，而确定这些点的空间位置的最有效的手段就是线条。因为线条表现的东西十分明确与肯定。同时，它不受物象表面明暗光线的左右，便于我们有效地抓住物象的内在结构特征(图2-39)。

其二，是概括与简练。线条所表现的是物象简化了的形体。一个圆球只要画个圈，

图2-39　王冠英

2.3 空间表现方式

一座房屋只要画几根竖线和横线,一棵树画些粗细交叉的线,一个复杂的物体也只是些直线与曲线的组合。这些线条看起来很简单,却概括了球、房屋、树和人体造型的最基本特征——即结构特征,显示了物象的不同特质,传达出不同的艺术情趣(图2-40、图2-41)。

其三,是生动。线条表现物象,是作画者在对客观物象经过分析判断之后,运用情感的冲动,以简练的手法,在短时间内很快地完成的。因其手法简洁,必须抛弃许多细节,抓住物象最内在的本质和最激动人心的东西。因其时间的短暂,作画及设计者始终处于激情的高涨阶段,对物象感受最强烈,易于充分发挥主观能动作用。好的绘画及设计作品,往往不多的几根线条,就能画出极生动的艺术形象及设计。我们常常可以在大师们的作品中找到例证(图2-42~图2-48)。

图 2-40

图 2-41

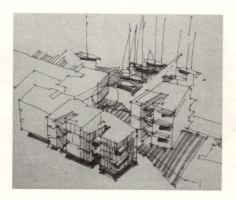

图 2-42

图 2-43 理查德·罗杰斯

第2章 形体与空间的理解与徒手表达

图 2-44 马蒂斯

图 2-45 王冠英

图 2-46 奥列弗

2.3 空间表现方式

图 2-47 马里奥·博塔

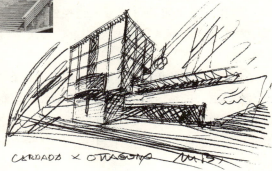

图 2-48 马里奥·博塔

线条作为素描的艺术语言，具备下列功能：①表现客观物象；②传达主观感情；③构成形式美感。

客观物象的表现主要体现在三个方面：一是空间体积(形体结构)；二是质地；三是神态气质。

线条构成空间以显示物象体积的原理，在前面已作了详细说明，下面只对这些原理在纸上表现中的具体运用进行探讨。

首先是线的重叠。假如我们画一个如图的人体线条，必须依次按照人体各部分体积的前后重叠穿插组合在一起，才能交待清楚人体的透视，显示深度空间，正确地画出他的朝向。假使线条不是如此重叠穿插，而是按照我们所看到的人体的外形画下来，我们所得到的只是一个畸形平面图。线条重叠的前后秩序不同，形成的空间关系也大相径庭。如果前后重叠颠倒，就会造成另一种相互关系，形体感觉很不同（图2-49）。

我们经常碰到这样的问题，往往一个设计大部分都不错，就是一根线条穿插得不恰当，而破坏了整个形体的感觉，只要调整了某一根线，画面立即改观。可见线的穿插重叠对形体的影响之大。

第二是线条自身的质地的变化、运动的方向、排列的疏密等对表现空间的效果的影响。

通过图2-50中线的实例，我们就比较明确地感觉到线条自身的粗细、浓淡、长短不同而呈现的不同空间效果。

图2-51、图2-52则显示了线条运动的方向对空间体积的影响。带弧向的线，弧的大小和方向关系到体积的丰满和塌陷。有时弧向不对，该凸起的地方凹下去；或者在前后的关系上没有错误，但在左右的空间上处理不当，都不能正确地表现物体的体积感。

图2-53则是显示了线条构成上的疏密不同而呈现的不同空间效果。同一形体，体积的积量重叠得越多，透视便越强烈，线条的重叠也就密集。因为只有密集，才能显示其形成视觉梯度的单位层次多，所表现物象的空间效果才能达到要求（图2-54）。

线条对客观物象的表现第二个要求是对质量感的表现。它不像明暗素描那样以直接再现的方式，而是运用自己独特的手段，即依靠线条之间的对比和用笔的变化来达到。表现坚硬厚重的石块用线宜粗而挺拔；表现柔而软的丝绸衣装则用线宜细而飘逸；粗糙的物象则用干而枯的线，运笔宜迟缓；质地光滑的物象用线则求流畅等（图2-55～图2-57）。

2.3 空间表现方式

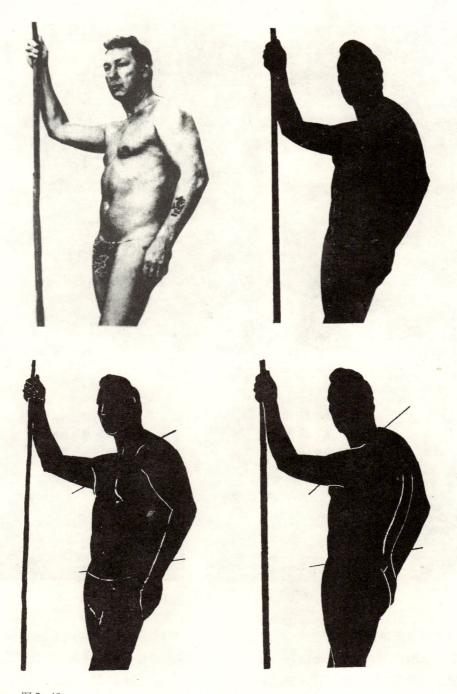

图 2-49

53

图 2-50 马蒂斯

图 2-51

图 2-52

图 2-53

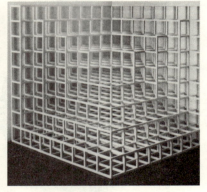

图 2-54

除了线本身所传达的感觉之外，线条之间的互相衬托对比也是表现物象质感的手段之一。这种对比与衬托更加强了线条之间的相互对立性，引起视觉对线条的差异感觉。如有意显示物象的粗重感，那么在显示粗重物体的笨拙线条边上衬上一些细而流畅的线，则更加烘托出表现主体的份量。当然，这些变化与对比只是一般的规律，不是绝对的，不能当作教条来对待。以线为主要表现手段的绘画偏重主观表现，不十分看重外貌的再现，不把质量感的表现看成是一定必不可少的。如果过分追求质量感的表现，则会影响到绘者激情的发挥，影响到线条的节奏韵律。这样倒不如牺牲质量感的表现，以强化线的表现力和画面的艺术处理。因为艺术的真正目的不在于仅仅再现物象的质量感，而是在于揭示物象内在美和情感的表现（图2-58～图2-61）。

图 2-55

图 2-56

图 2-57

图 2-58

图 2-59

图 2-60 扎哈·哈迪德

图 2-61 黄凯妮

　　线条的艺术就是情感的艺术，没有情感的线，不能算艺术语言。如制图、划表格的线，就只是一种机械的计数符号，当然谈不上感情色彩，在艺术表现中也就没有它的地位。线条的表现主观意识很浓，因此同人的内在气质有着密切的联系，不同气质的人画出来的线大不相同。当然，这里只是说它的大倾向，并不是指某一单独的偶然画出的线条。线条作为艺术表现的媒介，忠实地记录了绘者作画时的情感，以引起观众同艺术家们的共鸣(图 2-62~图 2-66)。

2.3 空间表现方式

图 2-62　徐艳

图 2-66　马蒂斯

图 2-63　王冠英

图 2-64　王冠英

图 2-65

线条能表现形式美感。线条以其鲜明的节奏韵律,构成画面强烈的形式感。作为外在形式,线条是构成画面的符号;作为内在形式,线条是一种力的综合体。从外在形式上去看,线条通过各种长短、粗细、轻重、疏密、浓淡、疾徐等矛盾体的组合,构成画面的独特形式。这种构成,具有相对的独立性和一定的规范化。相对的独立性是指它不完全受内容(被描绘的客观形体)的约束,抽象的线并不表现什么具体内容,却具有一定的审美价值。一定的规范化是指不论哪类线条构成,一般都必须利用长短、粗细、轻重、疏密、浓淡、疾徐等矛盾体的组合。没有矛盾就没有形式,只不过有些构成式样包含的矛盾少一些,有些构成式样包含的矛盾多一些。从内在形式上去看,线条是一种力的综合体,即张力与制约力的综合体。张力是艺术家自我意识的外泄。但是,每一种作用力都有一种相等而相反的反作用力。张力也自然有相应的反作用力,这就是制约力,即艺术家的自我意识外泄时受到的阻力。这种阻力有两层意义。一是纯技巧上的,如我们对材料、工具性能的掌握不够,对技法运用的不熟练等等。经过一定的实践,这种阻力是可以克服的。另一层是更深层的,是来自潜意识的,即自身艺术修养的高低对线条表现的制约作用。如对线条形式美的认识、对艺术美的感受等等。我们强调艺术修养的不断提高,就是为了抗争这种制约,力求要表现的物体都能得到最大程度的表现(图 2-67~图 2-70)。

图 2-67

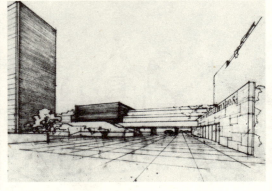

图 2-68

2.3 空间表现方式

图 2-70 赵芝倩

图 2-69

线条既简单又复杂,简单乐于为我们接受,复杂则为我们广泛而深入的研究提供了课题。

首先,是线条(作为视觉替代物)自身的质的变化对空间效果的影响。线条的粗细、浓淡、光滑与粗糙等的不同,展示的空间效果就不一样。粗细不同的两条线,粗的就觉得离我们近,细的则远;同样有粗细变化的一条线,粗的一端离我们近,细的一端则远(图2-71)。

在图2-72的线条比较中,我们同样能感觉到不同的空间效果(不过,这里仅仅是就视觉效果而言,在具体运用中,其空间位置的确定还须顾及别的因素)。

其次,是线条的运动形式对空间效果的影响。

图 2—71

图 2—72

2.3 空间表现方式

图2-73中,曲线因其波动感易引起视觉上的震动,故显得离我们近。图所画的是不同弧向的线,朝外凸的弧线给人向外膨胀的感觉,仿佛一种力量和体积向外迸发,显示空间突出,给人一种实体感,觉得它离我们很近。而向内凹的弧形则给人一种压抑感,仿佛受到各种力量的挤压,给人一种虚空感,显示了空间的后退,让人们觉得它远。

最后,是线条的排列方式对空间效果的影响。"位置相似规律",即轮廓线内的任意一点受到的感应力的大小,取决于这一点离轮廓线的远近。离边界线最近的影响最大,离边界线最远的感应力最小。按照这一规律,线条排列得越密,对线内在的感应力越大,其显示的空间位置就离观者越近(这当然是指在同一平面上的比较)。在纸上表现中,一个面线条的致密性程度,直接影响这个面在视觉梯度中的层次(图2-74)。

图2-73 扎哈·哈迪德

图 2-74

　　如果在纸上表现中,线条的矛盾体只是以单一的方式出现,我们的讨论就简单得多。然而,在大多数情况下,各种矛盾体都是互相混淆在一起出现的,如同时在一幅作品中有线的曲直、粗细、浓淡、长短等变化。这样就使我们难于判断其空间位置。为了解决这些矛盾体之间的互相纠葛,就必须依赖一个强有力的手段来统一,使个别的矛盾无法与之抗衡。另外,以上讨论的还仅仅只是一个梯度上的多种矛盾体的关系,分离起来还是比较简单的。而纸上表现中的线条,绝大多数是两个以上的视觉梯度(否则就无法形成形体的体积感)。因此,多梯度中的多种矛盾体的关系,则更加复杂,必须要有一条主线,将多梯度中的各种矛盾体串起来使空间梯度形成一个新的秩序。这个手段与主线,就是线条的重叠。线条其自身在制造矛盾的同时,又获得了解决矛盾的办法。有了这个重叠,一切矛盾就迎刃而解了。我们在一张纸上依次堆上许多厚度不同的东西,要堆得高,物体之间必须重叠。而在纸上表现中,则是将这张纸竖起来在作为底,而将物体依前后秩序排列起来,这种排列依靠的就是线条的重叠。有些类似积量物体的体积构成方式,是一层层加上去的,最上面的单位是完整的,而下面的部分都或多或少地被遮住一部分(图 2-75～图 2-80)。

这种线条的重叠是获得物体深度空间的最重要因素。在这种重叠中，要使前后的秩序不发生混乱，很重要的一点就是线条重叠交叉点的处理。因为空间的秩序是由交叉点上发生的事物所决定的。只有在两个物体的轮廓线的交叉处，重叠才能被暗示出来。有了重叠才能有前后关系。一般说来，在相交之后线条依然保持连续状态的那块空间，总被看成位于前面；而相交之后的线条被遮断的那块空间，则被以看成后面。但是，有一点要注意，即必须将遮盖的或被遮盖的线同它所表示的空间的面连接起来看，孤立地看待交叉点，很容易造成视觉上的混乱（图2-81）。线条的重叠对空间的形成，起着特殊的决定作用。如果没有重叠，就无法形成空间。"创造空间的最好方法，就是通过互相重叠着的事物组成连续性系列来取得，这个系列，就好像是一层层台阶一样，引导着眼睛从最前面看到最后面。"（阿恩·海姆）

用线的重叠来判定物体的前后关系，其画面效果和客观物象的表象相比有很大的差异。它并不模拟客观物象的表面感觉，而是抓住客观物象的形体结构特征来表现的。利用线的重叠来确定物象各部分的不同空间位置，以构成整个物象的立体空间感觉，来组织一组或更多物象的空间秩序。这种空间感觉的获得，虽是由观众的感觉由此及彼、由外及里的探索所得到的，但这种感觉还要依靠观众自己的意识想像的补充，才能获得理想的空间效果。我们审视线条时，则必须联想到这里的线表示着物体的某一边，这里由线条构成的一块空间则表示物体的某一面。经过这样的想像及判断，才使我们确信：线条确实很好地担负起了表现空间即制造物体的体积感的重任。这种必须依靠联想而产生的空间效果，我们称之为"间接空间效果"。这种间接空间的表现方法，不以再现客观物象表面效果为能事，而是抓住客体的形体结构来表现的。由于它研究的中心就是客观物象本身，故受环境（时间、地点、光线等）的影响就小得多，或者不受特定环境的约束。因此，这种画面中呈现的必然性因素就多，而偶然性因素就少。这样就有益于我们把握住物象造型的规律性的东西，获得主动权，更好地发挥主观能动的创造意识。这个方法在最早的绘画中就得到运用。重新考察人类早期的艺术作品，我们会发现一件艺术品的建造结构作为首要因素，突出地表现在各个地方，而单纯的摹仿不过是逐渐发展起来的一种东西。单纯的模仿在很长一个时期替代了线条建造结构的形式，直到近代又重新受到艺术家的青睐。艺术家发现了线条建造结构的形式，为艺术创作提供了更加广泛的自由。在用线所画出的所谓"二度空间"的艺术里，所创造的空间元素是具有深度的。这种深度是不明显的，它是较自然、较微妙精致（因为它具有抽象的性质）的、并且也许富于表现性——因为艺术家在他的作品里可以较自由地为纯粹之美的目标而运用空间关系。线条所建造的结构形式，有两个方面的意义：一是画面形式的构

□ 第 2 章 形体与空间的理解与徒手表达

图 2-75 毕庐师

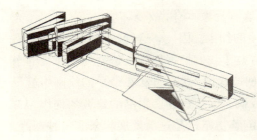

图 2-76

图 2-77 扎哈·哈迪德

2.3 空间表现方式

图 2-78

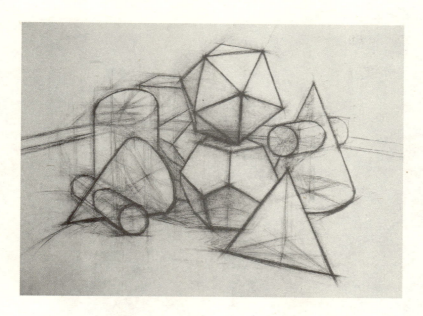

图 2-79

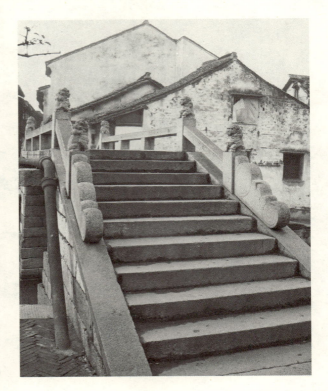

图 2-80

图 2-81

成,一是物象结构形式。这两个方面的意义是紧紧地联系在一起的,物象的结构形式是画面形式构成的一部分。在线条所建造的画面结构里,一个形状就是显示一定的视觉领域即一定的空间。艺术家所要考虑的不只是这一空间同现实中空间的关系,还要考虑它同画中另外的空间(形状)的构成关系即整幅画面中视觉领域的形成是否完整。在这里,一方面是线条必须相应地表现出客观物象的体积感,也就是说必须具有空间深度;另一方面,线条则又是画面平面空间的分割。这里又要立体的,又要平面的,怎么来解决这个矛盾呢?线条的运用使得这个问题得到解决。线的重叠构成了物体的体积感,线的交叉又完成了画面平面空间的分割,线条一身兼二任。但是,这里往往又出现矛盾,即有时物象的形体结构得到很好的表现,而平面的空间分割又显得不够合理(即画面的形式构成不美)——这就导致了变形,即改变客体的外形,加强某些部分,减少某些部分,改变某些部分,从而使画面的形体在平面的空间分割中显得更加合理,形式上更完美。因此,在以线条为主要表现手段的素描里,夸张和变形是必不可少的。如果屈就了客体形体结构的完整再现,往往就无法获得画面形式构成的较佳效果(图2-82)。

表面看起来,明暗光线所显示的空间效果较线条显示的空间效果强得多,但实际上,后者要比前者强烈。因为,在视觉中,不仅要看各自包含的"梯度"单位的多少和种类,更重要的是它们各自的画面形态所具有的视觉力量不同。一幅线条素描所包含的直观的梯度数目当然不如一张明暗素描绘画所包含得多。但由于线条所表现出的强烈的视觉力量,线条的肯定而传达出梯度的明确,即作为视觉的替代物的线条的"质"较明暗的"质"强烈,所以深度效果比明暗素描强烈得多。人们发现在祖先们早就创造的线条建造结构的艺术形式里,可以更加自由地控制空间。一方面使"图—底"分离开来;另一方面又设法让这种分离联系在一起,通过巧妙的安排,确立空间秩序的统一和整个画面的完美统一(图2-83~图2-85)。

人们之所以乐于接受线条表现空间效果,还因为这种效果同人的视觉"恒常性"是一致的。人的眼睛可以自我调节视觉形象。如我们拍摄一个躺着的人,从脚这头拍摄,所得到的是一个畸形人:一是脚显得比头大得多;二是身体被拉长了很多,空间梯度仿佛增加了好几倍。而在人的眼睛看来,脚依然比头小,身体却较站立的人短(就仿佛同样长的两根线,横的比竖的短)。这就是说眼睛在看任何变化了的形体时,总会产生一种抵抗被变化的形体的力,而同时产生一种拉力,即企望将这一变化了的形体拉向平常所熟悉的形象,这就是恒常性。这种恒常性则使人们在看画时,要求同一幅画中的人物形象或同一形象的各部位,一是空间梯度层次不要相差太远,二是形体大小差别不要过大,否则就感到画面被分离。因为这种太大的差异造成了力的比例悬殊,破

第 2 章　形体与空间的理解与徒手表达

图 2-82　马蒂斯

图 2-83

2.3 空间表现方式

图 2-84

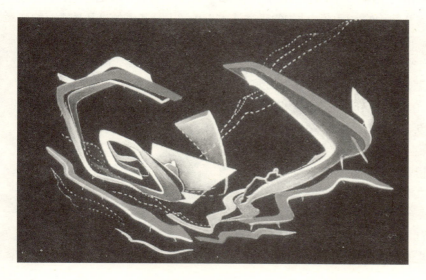

图 2-85

坏了画面力的平衡原则。而线条所显示的空间效果,有效地避免了这个问题,使空间梯度的直观效果相对减弱,形体的大小相对平衡,以促使所有的形体都能最大限度地为整幅画的构成承担应有的义务。

不论是以明暗表现为构造空间的主要手段,还是以线条为构造空间的主要手段,在一幅图,所有可变因素都依次产生并支持着空间。光线的扩散、明暗的增减、线条的变化、平面的分割、由点线至面的各种视觉形态、各种不同的构成方法,将形成各种不同的空间秩序。这是造型艺术的最基本的形式规律。因此,纸上表现教学中必须认真地研究这一课题。

2.4 结构素描——以线为主表现体量及空间的方法

一、理解结构与体量的概念

我们把结构素描当作一种通过某种绘画媒介去探索和表现那些与主题的物质结构有关的东西。我们把所要画的这个物体拆卸开来观察,以便更多地了解其结构特征。结构素描是一种组合过程,它要表现的是描绘对象的结构特点的某些知识。

对于学习建筑的学生来说,结构素描是极其有益的。如果他不理解形体的结构,而用表面的虚饰或变形、夸张的形体,是无法遮盖结构上的缺陷的。结构素描可以迫使学生以自己的独特方式,独自探索和表现他发现的事物。

以下是几个图例是结构素描习作(图2-86～图2-92)。

在纸上表现中,"结构"这个词运用得颇为广泛,纸上表现的核心是造型,而造型是一刻也不能离开结构的。因此,结构的研究就成为教学中最基本的也是最重要的任务。在教学中,我们所说的结构有两种基本的意义:一是指客观物象形体的构成与组合;二是指画面各种元素的构成与组合。前者将各局部的小的形体,构成一个严密的整体形象;后者则是将画面的单个孤立的元素符号,构成一个有联系的、有秩序的、完整的视觉式样。这两者之间又是互相联系、不可分割的。因为,由各局部构成的客体的整体形象,在具体画面上又成为整个视觉式样的一部分,而后者往往又以前者为基础。

为了方便起见,我们暂且先将二者分开来研究。在前面,我们强调了用几何形体来概括客观物象形体的优越性。但是,问题并不这么简单,不是我们将物象看成几何形体,就能解决我们对物象形体掌握的问题。一个物象如果只须一个很明确的几何形体来显示,我们一看就会明白。然而事实是,世界上绝大多数的客观物象的形体,均无法只用一个几何形体来代替,而必须用几个、十几个甚至几十个几何形体来构成和

2.4 结构素描——以线为主表现体量及空间的方法

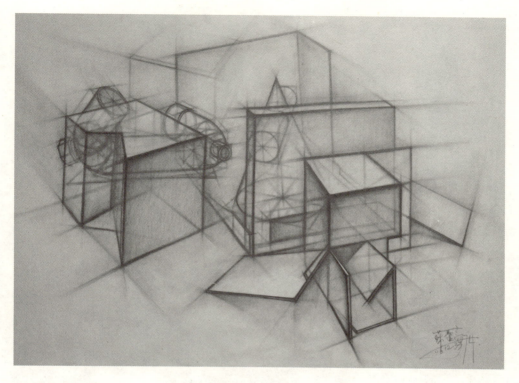

图 2-86 苏圣亮

图 2-87

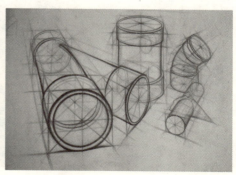

图 2-88 苏圣亮

第 2 章 形体与空间的理解与徒手表达

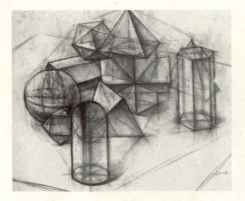

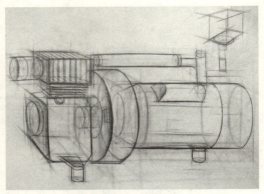

图 2-89

图 2-90 秦雪莹

图 2-91 王冠英

2.4 结构素描——以线为主表现体量及空间的方法

组合——这就是结构。客观世界的一切物象均离不开结构,有形体就必定有结构。即使是单个的、很微小的物体,其内部也是量与量的聚合——也是结构的作用。可以这样说,没有结构便没有形体。形体是物象的表象特征,是外部的显示形态;结构是物象内部的构成方式,从内在构成上保证了外部形态的显现。结构对形体起着决定性的作用。破坏了结构就破坏了形体,改变了结构就改变了形体。在纸上表现教学中,对结构的深入研究,为我们了解造型艺术提供了一种极有效的方法,它使我们能尽快地、能动地控制形体。就造型艺术所研究的客观物象来分析,结构的属类大致可以分成这样三大类。

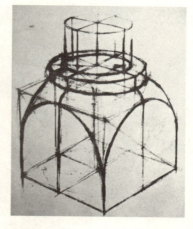

图 2-92

1. 网络结构

这多属式微体积的结构方式,在类似平面的体积内用经纬结构将各部分网络在一起,以形成一个整体。如植物的叶、渔网、编织的工艺品等等(图2-93、图2-94)。

图 2-93 托马斯·赫尔佐格

图 2-94

2．支架结构

这类结构是客观物象中最普遍的一种结构方式。它以支架为构成形体的根本，支撑和连接着整个形体(图 2-95)。这类结构又可分成三种。

(1) 人和动物类：这是一类最复杂的结构。它以一根主要的脊骨为支柱，联结着躯体及四肢的各部分骨骼。各个骨骼的连接部分构成的关节，具有极大的灵活性。通

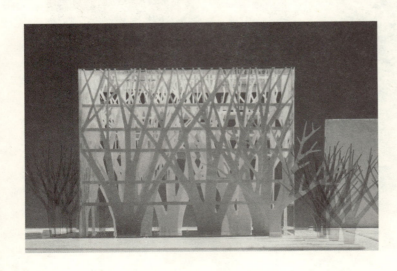

图 2-95

2.4 结构素描——以线为主表现体量及空间的方法

过强有力的肌肉的运动来带动它,以产生千变万化的运动(图 2-96)。

(2) 植物类:它以一根主干为支柱,向四周放射状地生出许多枝干和叶子来占有空间。同时以主干或主茎为中心,以枝干和叶子来分割整个形体所占有的空间,形成很美的结构形式。这种结构形式的改变,必须借助于外力(图 2-97)。

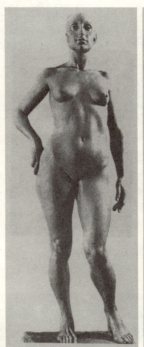
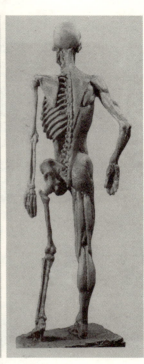

图 2-96

图 2-97

（3）人造类：这是人们以支架结构的原理而创造出来的结构方式，如座椅、建筑房屋的梁架等等，不计其数(图 2-98、图 2-99)。

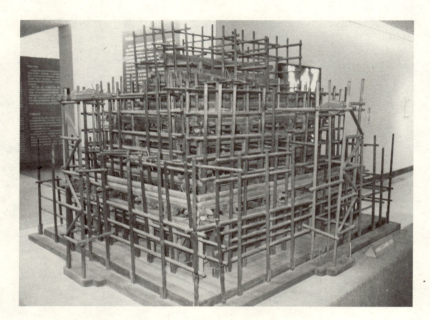

图 2-98

图 2-99

2.4 结构素描——以线为主表现体量及空间的方法

这类结构不是依靠生命的固有构成联结各部分形体的,而是利用物理上力的作用,人为地将没有内在联系的各部分组合在一起。因为其各部分不具备内在联系,所以人为的力量对其结构的形成起主导作用。

3. 聚合结构

它依靠积体体块之间的相互榫合、堆砌和积压而形成整体,各局部之间没有主次关系,而是相互依附的关系。这类结构人为的和自然形成的都有,如金字塔、石桥、墙体、沙丘、山崖等等(图2-100～图2-104)。

一般说来,以上所说的三大类结构,可以单独存在于形体之中,也可以几种结构形式并存于一个整体之中。例如造房子,墙是聚合结构,房梁是支架结构。建楼房用的预制板,是支架结构与聚合结构的结合,雨伞则是网络结构与支架结构的混合体。在上述的几类结构中,以人和动物为主的支架结构最为复杂。这不仅因为其骨骼(支架)的结构复杂,而且因其具有非常大的灵活性,其在静止状态下的形态与运动状态中的形态相距甚远,不经过深入地研究和实践,是很难掌握的。

从上面的分类中我们可以看出,结构在构成物体的整体形态中起至关紧要的作用。在网络结构的形体里,依赖于结构的网络作用而形成大块的面积,从而决定了树叶、花

图2-100

图2-101

□ 第 2 章　形体与空间的理解与徒手表达

图 2-102

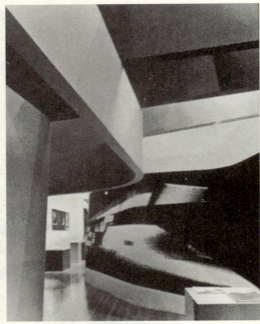

图 2-103

图 2-104

叶等特有的大而扁平的式微体积。在支架结构中，依赖支架的支撑和杠杆作用，使各种复杂的小体积联结成一个严密的、富有活力的整体，并使其形体具有尽可能大的灵活性和运动的可能。在聚合结构中，由于各体块之间的互相榫合和依附，将小的体块聚合成巨大的整体。物体的结构方式决定其形体形态，没有结构特征，就没有物体特有的形体。所以我们说，决定物象形态的最本质因素是它的内部结构特征（图2-94、图2-105）。

了解物象的结构特征在造型中的作用，对纸上表现的学习是十分重要的。我们描绘的对象是千变万化的，而且就某一物象而言，又因时间，地点、环境、光线等因素的影响，而呈现出不同的外在感觉。这种外在感觉，有时正确地显示了物体的真实形体，有时却不能正确地显示。这就给我们正确地把握物象的形体带来一定的困难。因此，不理解物象内部结构特征，在作画时就会处于被动的地位。跟在客体的偶然性的外在感觉后面跑，是无法表达物体真实形态的。

结构分析就为我们提供了一种学习的方法。如图2-106中的陶瓶，在从来自左右上方的光线照射下，我们能比较清楚地看出它的形体。在完全顶光或完全逆光的情况下，我们就不易辨别其形体。如我们用结构分析的方法来理解，就可以看出，这个陶瓷瓶是由一上一下两个圆台或一大一小两个圆柱构成的。

有了这样的形体概念，不论其处在什么样的光线下，我们都能够知觉到其形体的存在。因此，强调对结构特征的理解，能使我们有效地把握住客体的形体。不论客体处在什么样的环境中，都能透过那些不可靠的表面现象，抓住它的实质予以表现。同时，结构分析的方法，其由于是从物象的内在构成上去了解和掌握各形体之间的相互关系，如改变这种关系，就改变了形体。

我们再从人的视觉上去分析，这种结构分析的方法是否为我们理解客观形体提供了方便。《艺术与视知觉》的作者鲁道夫·阿恩海姆在他的著作中写道："视觉与照相是截然不同的。它的活动不是一种像照相那样的消极的接受活动，而是一种积极的探索。视觉是高度选择性的，它不仅对那些能够吸引它的事物进行选择，而且对看到的任何一件事物进行选择……从一件复杂的事物身上选择出突出的标记和特征……这些突出的标志不仅足以使人把事物识别出来，而且能够传达出一种生动的印象，使人觉得这就是那个真实事物的完整形象。"阿恩海姆称这种选择是对客观事物的简化过程。他在这里提供了视觉选择的一般规律。这里需要补充一点，即不同的人进行选择的方式是不同的。例如在纸上表现教学中，经过一定训练的人同没有经过训练的人虽然都具有视觉选择的特点，但所把握的东西却不同。没经过训练的人看对象只选择对象的外部轮廓特征；而经过训练的人则选择它的空间特征即结构特征，因为他已经知道外

□ 第 2 章　形体与空间的理解与徒手表达

图 2—105

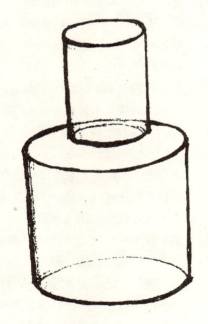

图 2—106

2.4 结构素描——以线为主表现体量及空间的方法

轮廓并不代表物象的真实形体。要把握物象的真实形体，最有效的方法是记住其空间特征。结构分析的方法用几何形体显示物象的基本形态，就是为了使物象形体的空间特征更加明显化，以便视觉的有效选择。例如巴黎圣母院，似乎形态很复杂，用结构分析的方法将复杂的形体予以简化，一方面便于初学者掌握形体，另一方面则为以后的艺术概括奠定了基础(图2-107)。

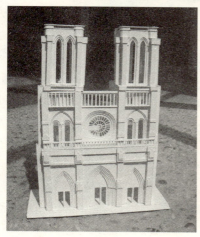

图2-107　奥列佛

在上面所作的讨论中,我们凡是提到结构,都涉及到形体,我们的主旨在于讨论形体的结构方式。在素描中,我们常常将两者连在一起称为形体结构,结构的形态是由具体的形体来体现的,没有形体也就谈不上结构,就像没有语言和文字就无法表达思想一样。我们所讨论的形体结构,不是纯抽象意义的概念。造型艺术所研究的对象,是具体地存在于客观世界、具体地出现在我们的视觉范围之内的。这里,就必须考虑到形体结构在具体空间中的变化,这种变化也以一种有秩序的关系来表达——这就是透视结构(图2-108)。没有透视结构的形体结构,在绘画中只能产生一种假象。虽然从绝对意义上说是无可指责的,但人的视觉却自然而然地对它产生抵触作用,觉得它不可信。因为我们的眼睛已习惯了经过调节的视觉印象,尽管是错觉也完全接受了。相反,那些不经过调节的,即便是绝对真实的亦被视为假象。因此,在我们描绘时,必须时时考虑到透视对形体结构所产生的影响。形体结构必须借助透视结构的调整,才能适应我们视觉接受的需要。当然,这里所说的只是作为纸上表现教学中一般的认识和表现对象的规律,至于有些成熟的艺术家利用透视结构的原理,反过来造成一种视觉上的假象,以期达到一种特殊的艺术效果,在这里暂不作讨论。

在此,我们是否可以得出这样的结论呢?即结构只是形体构造和组合的一种手段,具体的对象还要进行具体地分析。在聚合结构中,结构仅仅体现为一种构成方式,它依靠形体和形体之间的相互榫合、堆砌。而在网络结构和骨架结构中,结构并不仅仅指构成方式,它同时包含着进行组合构造的网线和骨架。因为无网线和骨架,结构就无法形成。网线和骨架是物象的主脉,是形体依附于上的最基本的支柱,没有这个主脉和支柱,一切形体皆无从谈起。所以,当我们发现画上物象的结构有毛病时,起码可以从三个方面去查找原因:一是形体本身对不对;二是构成关系(包括比例)对不对;三是透视上是否有问题。

我们理解了结构的第一种意义后,再来讨论其第二种意义,即画面结构的问题。我们说客体的形体结构在画面上成为整个视觉式样构成的一部分。是不是说只要正确地表现了物象的形体结构,它就必然同时也很好地充当起画面构成中的主角呢?显然不能,如果画面上出现的仅仅是客观物象完整的自然形态的形体结构,只是一张解剖图或立体示意图,它就不具有艺术作品的特征。作为画面形象的视觉替代物,一方面要体现被表现对象的客观属性,另一方面又要成为表达画家情感的艺术符号。要使画面上的形体构成不仅能有效地表现客观物象的形态,而且能很好地充当画面视觉式样的构成的主角,就有必要对客体的自然形体结构进行艺术处理。研究结构的目的,是为了更自由地运用形体的结构规律,更好地去从事艺术造型,而不仅仅

2.4 结构素描——以线为主表现体量及空间的方法

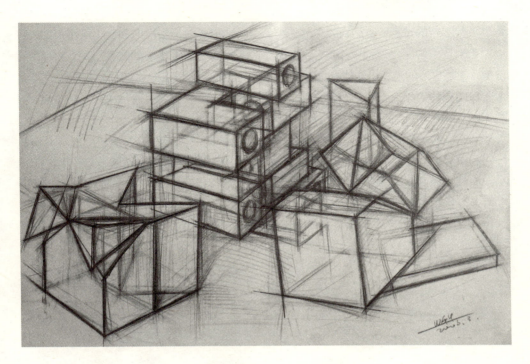

图 2-108 王冠英

只是为显示其形体上的构成原理。但是，对大的、整体的结构是不能疏忽的。因为这种大的、整体的关系是形体赖以生存、画面得以构成的支柱。我们在研究物象的形体结构时，必须进行概括取舍，不用面面俱到。如果拘泥于小的结构，往往就容易忽视大的关系。造型艺术对结构的要求是"基本关系的相对正确"——这几个字包含着严格的科学成分。最基本的东西往往是最难的，在纸上表现的实践中必须用心去研究。

　　造型是纸上表现研究的核心。造型从结构入手是最有效的方法之一。造型一方面是指对客体自然形体结构的研究，另一方面是对这些形体的重新安排。结构的分析为这两方面都提供了基础，用结构分析的手段获得客体自然形体结构的构成和运动变化规律，又运用结构的分解和聚合去重新安排形体，使之成为画面的视觉形象。这个视觉形象又承担着表现客体和构成画面形式美感的双重任务，这就是我们通常所说的造型美和结构美。造型美是对客体的自然形态进行改造之后才能获得的。而这个改造正是以结构为基础的，只有结构的改变才能产生形体的改变。艺术家意于视觉形象的创造，从不同的方向、角度来改变物象结构形态，以获得满意的造型。这种过程是个极其艰苦的过程，要达到完美的造型，须经过多次的反复推敲和变化始可得之。在这种艺术造型的深化过程中，结构分析方法为艺术家提供了极大的方便。不论是写实的造型，还是变形的造型，结构分析都是一个好的方法。这种以形体结构的改变来求得艺术表现的独特效果，是以对形体结构的规律有比较透彻的了解之后才能办到的事情（图2-109）。

结构所包含的两种意义：造型美是以客体为基础的；而结构美则是纯指画面视觉语言的组合。它既包括具象造型的画面结构，又包括抽象绘画的画面结构，主要体现在画面的平面分割和整个画面的安排与处理上。它的构成法则将在后面形式与构成的章节中详细论述。

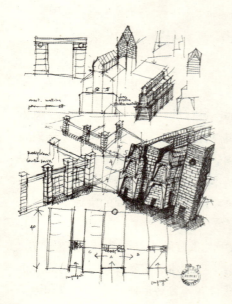

图2-109

在这一节中，主要阐述了以结构分析方法去理解形体，而且着重强调了从结构上去主动地把握和控制形体。这是因为结构在造型上的重要作用，它是创造艺术作品首要的因素。不论是作为构造物象的空间实体结构，还是作为画面视觉语言的形式结构，结构都是最基本的最重要的因素。从造型意义上说，纸上表现的主要任务之一就是对结构的研究。

二、结构素描的方法与步骤

1．材料工具的准备

这是素描进步必需的先决条件。应当把画纸很平整地绷紧按在画板上，作画之前要试验一下它的质量，是否适合画素描的要求；各种B型的绘画铅笔若干；功能不同的橡皮几块。

2．简单结构穿插组合的表现方法与步骤

首先建立正确观察与思维的理念，全方位地观察将要表现的物体，全面了解你要表现的物体。其次，为了强调内在结构的重要性，要不断提示学生，要从形体入手，要画出物体具有基本特征的结构部分。

下面以横穿体为例来具体说明其表现的方法与步骤。

横穿体是圆锥与圆柱组合体，是两个中心轴相交的轴对称形体的组合。在圆锥体底面水平的情况下，透视方向由圆柱体中心轴与视线所成的角度决定。具体步骤如下：

步骤一，了解结构特征。画侧立面草图来了解这一组合体的结构关系、轴心交点的位置及其分割两轴的比例。立面图还反映两者的交接线位置和每一处剖面的直径(图2-110)。

步骤二，建立基面。首先，沿圆柱体中心轴方向画一个水平正方形的透视形(即圆锥体底面的外切正方形)，其平行等分线就是圆柱体中心轴的垂直投影。从中心点垂直竖起圆锥体中心轴，即是此组合的基柱(图2-111)。

步骤三，正确定位。画出圆柱体在基面上的垂直投影，从长方形投影的两端"升"起两个垂直立面，并找到其与圆柱体中心轴的交点，画出两端圆面的外切正方形。注意：基柱高度及两轴交点在基柱上的准确位置应通过如下方法找到。在基面正方形内切圆上找一根呈水平状平行于画面边缘的直径直线，此直线与基柱在同一平面(即透视原面)上，它们的比例关系不发生透视变化，可依据立面图定出基柱长短和基柱上的两轴交点(图2-112)。

步骤四，连接各个结构点。按照确定的比例，将辅助框架上各个结构点连接起来，注意各组平行线所形成的透视变化和深度。所有平行线在水平面上的投影均成平行或垂直关系，它们都将消失在画面上方视平线左右两个余点上。注意正方形内切圆的透视形特征，即长轴垂直于中心轴(图 2-113)。

步骤五，整体调整。画出穿插形体的交界面，进一步肯定各处的结构线，通过线条的轻重变化来加强空间的深度和体积的量感，使形体结构从轻细的辅助框架条中突现出来，同时暗示出表现过程中的思考过程(图 2-114)。

通过以上五个步骤的练习，我们可以进一步推导圆柱与圆锥体的交界面形状。

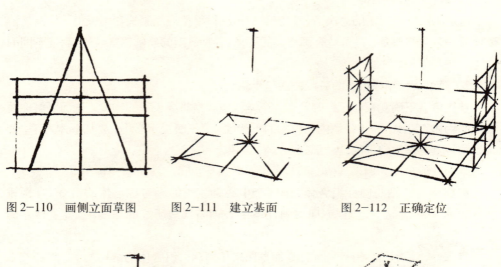

图 2-110　画侧立面草图　　图 2-111　建立基面　　图 2-112　正确定位

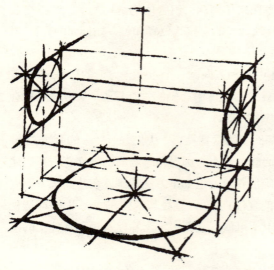

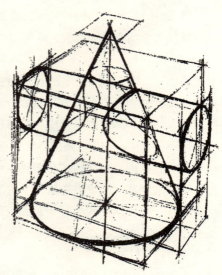

图 2-113　连接各个结构点　　　　图 2-114　整体调整

2.4 结构素描——以线为主表现体量及空间的方法

3．多个形体组合的空间结构的表达方法与步骤

在一个限定的空间范围内，当其中的实体形态超过两个或其本身具有多重的构造组合时，就出现了较复杂的空间结构关系(图2-115~图2-120)。对于空间结构的把握与表现的能力是设计师必须具备的基本素质之一。

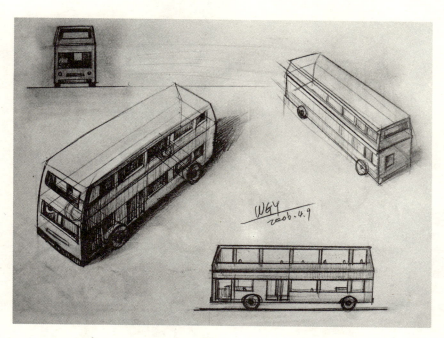

图2-115　王冠英

图2-116

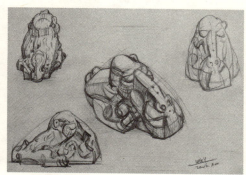

图2-117　王冠英

87

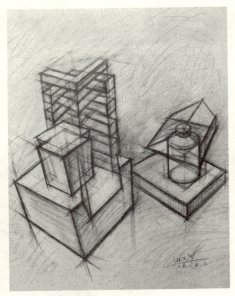

图 2-119 王冠英

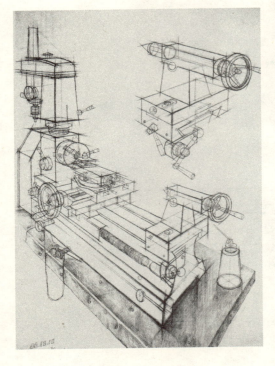

图 2-118

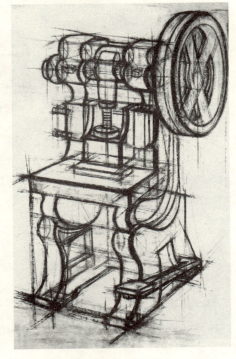

图 2-120 学生

2.4 结构素描——以线为主表现体量及空间的方法

图 2-121 是一组较复杂的物体的表现方法步骤图。

我们选用几种形体,在一个共同的基面(桌面)上组成一个整体组合结构。在表现步骤中仍要遵循上面讲述过的基本方法。

图 2-122 是一组以多个形体组合为课题的练习,具体步骤如下:

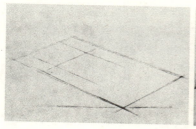
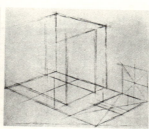
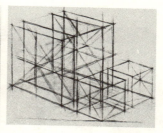
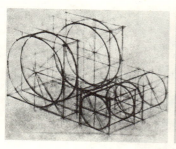
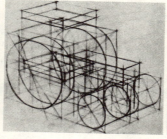
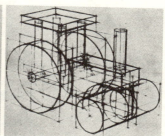

图 2-121

步骤一，三维观察。对存在于同一空间中的每一个形态，作平立剖三视图分析，并研究形体与形体间的比例关系、位置关系，注意它们的共享平面——底面，以及各形体在底面的投影关系。

步骤二，二维观察。从几个能够充分表现对象空间结构的透视角度观察形体组合的整体节奏和动势，判断大的几何构架关系。观察各个形体轴线与整体几何形构架的关系。

步骤三，构图。根据组合体的总构架和节奏动势进行多种构图的设计推敲。

步骤四，整体关系。从大几何形构架入手，初步画出各形体的比例、位置关系。线条应轻淡些，便于下一步的调整和肯定。按前面的结构塑造方式，依据三视图和辅助结构线，画出各形体的结构关系。形体间的位置关系应靠底面上的垂直投影来把握，以免互相侵入和重叠。

步骤五，深入塑造和整体调整。进一步明确和肯定各形体的结构关系和总体的组合关系，运用线条的轻重处理来表现空间感和体积感。各形体共享的"舞台"——底平面和后立面，通过结构线的轻重变化暗示出空间深度来。

图 2-122(一)

2.4 结构素描——以线为主表现体量及空间的方法

图 2-122(二)

2.5 全因素素描——以明暗为主表现体量及空间的方法

物体由于被光与影赋予了不同的明暗值，而体现出体积感、空间感和丰富多彩的肌理与质感等视觉特征。如果说结构素描的训练是围绕着物体本身的客观造型规律，那么明暗素描的研习则更着重于我们的视觉感知规律。结构线可以表达我们对形态的理解，而明暗调子能够在二维画面中，建构起一个符合人们视觉经验的三维空间形态——幻象，从而形成一个相对完整的视觉表达形式。

一、与明暗素描语言有关的概念

调子是光线强度的物理特征。素描中的调子取决于光线的强度和物体的特点，也就是以物象表面的照明度和光源为转移。调子在自身上把光线的强度和物象本身的颜色结合在一起。光强度取决于物象在空间中和光源关系上所处的位置：光线垂直照射在上面并成直角向观者反射的那部分表面，将是最亮的；光线成某种角度照射，形成半暗；没有被光线照射的地方，将是深暗的阴影；反射的光线则形成反光。

用调子画素描——这就意味着要遵循从最亮经过中间调子到最暗的正确对比关系，为的是避免出现那种破坏整体和谐的令人刺眼的地方。明暗的对比可能很强烈或很柔和，这要由光线的强度、物象本身的颜色以及画者所采取的中间调子的强度来决定。

当我们谈到物体的表面特征——不发光的或发光的，光滑的或不光滑的，这时在素描中就使用"肌理"一词。纸张、织物、植物、建筑材料等等，都会有不同的肌理。色彩和调子由于表面肌理不同而变得不一样了：表面肌理不同，物体也要求采取不同的画法(图2-123)。

1. 五大调子

物体的形态在光影空间中呈现的视觉现象千变万化，其微妙丰富的明暗变化能被我们所感受，但很难也无法用肉眼来进行无限制的色阶分析。此外，绘画工具很难表达肉眼所见到明暗值的级差，这决定了明暗表现必须明确、概括才能有效地传达视觉信息。所以，我们将明暗值的变化归纳为亮部调子、亮部中间调子、明暗交界线、暗部中间调子和反光调子五大调子(图2-124)。

(1) 亮部调子

亮部调子呈现在相对垂直于光线的体面，越与光线接近垂直的面色调越亮，反之则越暗。色调的亮度还取决于物体的固有色和材质。有光泽的物体表面在与光线入射方向呈 90°角的区域内，会出现最亮的高光点。

(2) 亮部中间调子

中间调子出现在受到光线侧射的地方。从偏离光线的直射到与光线入射方向呈180°

2.5 全因素素描——以明暗为主表现体量及空间的方法

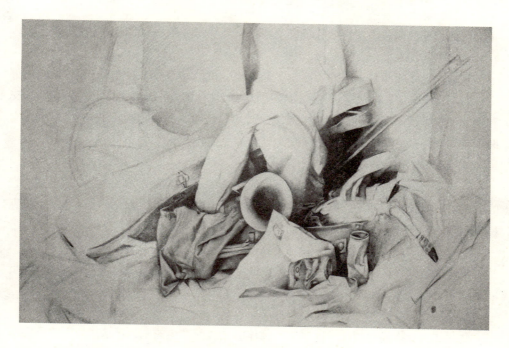

图 2-123　王冠英

图 2-124

角的物面，都会形成由灰到暗的色调，并且有着丰富和微妙的明暗值变化。

(3) 明暗交界线

明暗交界线物面与光线的入射角度呈 180°角的带状区域，是整体色调中最暗的部分。如果光源集中，明暗交界线就会较明显；如果物体处于多光源的环境中，明暗交界线就很难辨别。明暗交界线的位置和形状，可以将物体的明暗两大部分区分开来，有助于我们对复杂的明暗变化进行概括和整体的把握。

(4) 暗部中间调子

暗部中间调子是处于明暗交界线之后不受光线照射而接受环境色影响的区域，它的色调层次变化类似于亮部的中间调子。暗部中间调子的处理是否丰富、透气，将直接影响到体量感和空间感的表现效果。

(5) 反光调子

物体的暗部受环境光的反射而在部分区域内提高了明暗度，称为反光。反光较暗部中间调子要亮些，但不会超过亮部中间调子的亮度。

2. 投影

投影是一个物体遮挡住了入射另一物体的光线而产生的阴影区域。投影的色调变化规律是：离遮挡物体近的投影部分一般较深，其边缘清晰，黑白对比较强；离遮挡物越远，投影越淡，边界也越模糊。阴影与周围区域黑白对比的强弱取决于光源的强弱。光源强而近，投影就明显，黑白对比强烈；光源弱而远，投影就模糊，黑白对比也较弱（图 2-125）。

图 2-125　王冠英

二、明暗素描语言的表术方法与步骤

明暗(全因素)素描的实际学习过程从画建筑局部石膏模型(花饰、柱头)开始。画建筑局部模型对掌握明暗规律和透视法则方面是非常有帮助的,而且对将来的设计创作大有益处。

1. 花饰

石膏雕塑的花朵模型是浅浮雕,上面有五个同样大小、成环形均匀配置的花瓣。所有的花瓣都具有相同的起伏、纹理和脉络。所以,需要用同样的比例把花瓣画出来。

然而,并不是所有画者都从正面画花朵模型。坐在侧面,从锐角上观察它,画者会发现花朵是立体的,也就是它有高度、宽度和深度。在一定的角度上看花朵,它的相同的花瓣将被透视缩短:圆形变成了椭圆,作为花朵基础的方形,成了长方形,大形以及从属于它的细部都起了变化。

我们应当在画纸的平面上不只是单纯地画出三度空间的物象,而且也要画出合乎透视的立体形——表现出形体的明显的变化。而所以发生这些变化,乃是由于形体在空间中的位置起了变化。

为了能正确地把花朵形体画在纸的中心,需要标出垂直的和水平的中心轴线(图2–126)。因为垂直线和水平线方向是固定不变的,根据它我们很容易找到所有其他与垂直线和水平线成各种不同角度的方向,同时也能确定花朵的长与宽的比例。

就这样,我们在画纸上用轮廓线画出花朵的大形(图2–127)。

对物象的大形没确定之前,不能开始画细部。在没有确定出整个花朵的边界以及局部与整体的关系之前,不能把花朵形体画得太细致。

如同在明确大形轮廓阶段中一样,在明暗层次的描画中,也要保持对被画物象的整体观察。不要孤立地、一个一个地、局部地去画它,要经常对它们进行比较,轮流地从一个部分转到另一部分,要着眼概括整体。画好花朵的轮廓,找出比例关系(花瓣与整个花朵面积的比例,花瓣的宽度与其长度的比例),之后就可以转入大块明暗的描画了(图2–128~图2–131)。

画石膏模型,也就是画涂有一样颜色的物体,我们能清楚地看到最亮的地方、中间调子、阴影和反光。涂阴影要从最暗的地方开始,但不要把调子的强度画得太足。这样,受光部分自己就会显露出来。不要把阴影画得太暗,原因是:如果石膏花朵模型旁有某种黑色物体,就无法来表现明亮的花朵和暗黑的物体之间的区别。

要善于看出整幅画中调子的强度和所谓的中间调子的强度;要估计像细线条和涂阴影这样一些描画方法的功能;注意光线如何按不同的方式照射在无光泽的、发光的、擦亮的和不光滑的表面上。

□ 第2章 形体与空间的理解与徒手表达

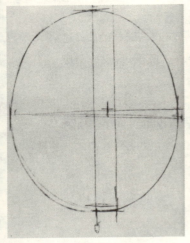

图 2-126

图 2-127

图 2-128

图 2-129

图 2-130

图 2-131

　　学习素描必须有大量的实践，才能拥有自己的手段和自己的技法，这些图例只是对最初阶段的素描学习有帮助。

　2. 柱头

　　画完花朵模型之后，学生就转入到画柱头的素描。按次序描画的基本规律，与画花朵一样，只不过形体比较复杂一些。柱头是圆柱形，要求画者始终要记住柱头的细

96

2.5 全因素素描——以明暗为主表现体量及空间的方法

部与圆柱体基本大形的相互关系。

着手画柱头素描时，要引一条垂直轴线，并在最简单的外形大框中拟定出柱头基本大形边界的轮廓。这时要在主要形体周围留下一些空白，这对画柱头的一些突出部分是必不可少的(图2-132)。

在图2-133上我们看到，柱头的基本结构和它的主要组成部分的凸缘，是怎样用轻盈的轮廓线画在标出的图象边界之内的。这里，在骨架的图形中明显地表示出视平线和向消点消失的透视缩短。

正确地、合乎透视地画出柱头的基本大形之后，在作画的第三阶段，要在柱头的凸缘里画上装饰涡纹，在涡纹和花瓣中拟定出支点来。这时的素描是全用轮廓线画的(图2-134)。

然后，在柱头的基本大形上增画细节，进一步明确装饰花纹的比例和特征(图2-135)。

素描的下一步骤，要画完装饰花纹的细部，再一次检查柱头的透视和比例关系。把一些辅助的线条收抬干净，于是我们就会看到一幅用轮廓线画的完整的柱头素描(图2-136)。

在已经正确地拟定出被画对象的受光面和阴影面的完整的轮廓图中，用较弱的调子画出柱头凸出地方和凹陷处的大的结构(图2-137)。

要注意，涂明暗调子总是从阴影处开始，而不是从受光的亮地方开始。建议用细线条画阴影，而不要用纸卷笔涂阴影。因为用细线条画阴影的这种方法，将给绘画带来方便，特别是在以下几个阶段，使绘画者能够根据圆的与平的大块形体的不同来安排线条的画法。任何时候也不要先把一个细部彻底地画完，而其他的细部仍然留在轮廓线阶段。要记住，深暗的程度是相对比较出来的，要看柱头各个部分距离光源的不同远近来决定。

在以后画柱头阴影的进程中，要把阴影的强度搞清楚，要表现出柱头最暗的凹陷和中间调子；要表现出滑过物体表面的掠光——它是柔和的，由暗到亮；要在整个柱头上同时进行描画，要不断地把各个细部的调子强度同其邻近部分的进行比较。仔细研究阴影，能使素描更富有表现力，能表现出反光。反光要画得恰如其分，它任何时候也不会像受到来自光源光束直射的地方那样亮。

我们可以认为图2-138是一幅完成的素描。尽管柱头的装饰很细碎，但素描却完整地表现了这个复杂的建筑形体，给人以整体感。这是画建筑局部模型长期素描的一幅成功的范作。到处的细线条都是按照形体的趋势画的。在闪光最亮的地方使用橡皮很有分寸，这里没有用橡皮擦脏的地方。

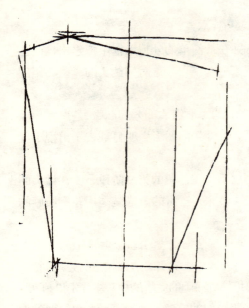

图2-132 柱头素描第一阶段

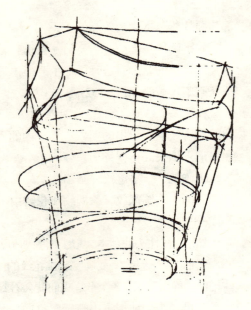

图2-133 柱头素描第二阶段

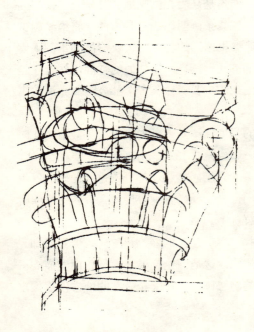

图2-134 柱头素描第三阶段

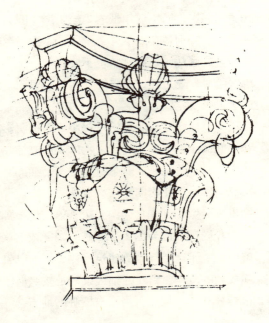

图2-135 柱头素描第四阶段

2.5 全因素素描——以明暗为主表现体量及空间的方法

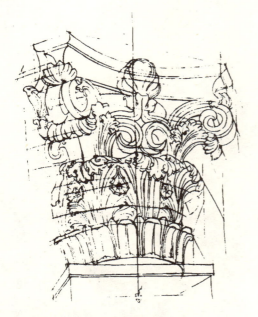

图2-136 柱头素描第五阶段

图2-137 柱头素描第六阶段

图2-138 已完成的柱头素描

第 3 章
表面肌理与色彩感的表现

3.1 表面肌理

表面的肌理是自然界中各种不同物体的质感给我们的感受。在光影空间中，每一种物质表面由于其组织材料的不同，对光线的反射、吸收或透过程度也各不相同。我们把光影在不同的材质表面所呈现出的不同明暗值变化，以及因此显示出的软或硬、粗或细、光亮或粗糙、透明或不透明等多种感觉效果，称为表面肌理，也叫材质感。表面肌理的表现是使设计的视觉表现更具体、更真实的重要环节之一，是设计师应掌握的必不可少的基本表现手段(图 3-1)。

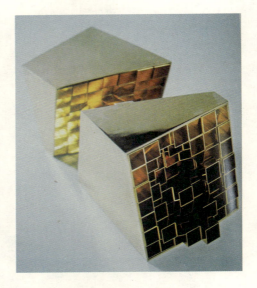

3.2 肌理表现的类型与视觉特征

图 3-1

从生成的来源看，可以把我们世界中的材质分为自然材质和人造材质。自然材质向人们暗示着物质的组织构造或生长规律。人造材质除此之外，还满足人们的使用需要、生理需求和心理需求。

表面肌理的形成，其一是材料表面的组织构造，是指物体表面粗细、凸凹、密集或疏松的结构形态；其二是材质的受光特征，是指不同组织结构的物质表面对光的反射、通过或吸收的物理特征。根据以上两个因素，可将不同材质的视觉特征归纳为下列几种类型。

1. 粗糙而吸光的肌理

物质表面呈清晰、粗糙或疏松的纤维状或颗粒状结构形态。受光特征以扩散为主，

3.2 肌理表现的类型与视觉特征

因此没有高光，明暗调子对比较弱，如麻织物、树皮等（图 3-2、图 3-3）。

2. 细密而反光的肌理

物质的表面结构形态因细小、密集而呈现光滑、细腻的视觉效果。受光特征以反射为主，光滑的材质表面有高光，能反射周围物体的影像，如抛光的金属器皿、细瓷与皮革等（图 3-4）。

3. 透明与半透明的肌理

在物质中光不发生任何变化，全部得以通过，没有丝毫反射现象，这称为全透明物质。当然现实世界中这种纯粹的物质是没有的，最多只是近似而已。不同的材质透明程度也不同，玻璃制品接近全透明，丝织品、塑料制品则是半透明。而形形色色的玻璃器皿因其壁厚或形体转折的变化，会使光线产生聚集和折射等复杂的光效应（图 3-5）。

图 3-2

图 3-3

图 3-4

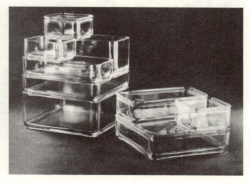

图 3-5

3.3 素描中的色彩感

当我们观察物象时,色彩是最先进入我们视线的。所有的色彩都具备色相、纯度和明度三种属性。在素描语言中,我们只能利用色彩的明度属性来表现色彩的视觉效果——色彩感。

色彩感的表现,对设计师来说是不可缺少的造型语言能力。通过色彩明度属性的视觉特征所呈现出来的色彩感,虽然没有色相和纯度属性,却能给我们带来丰富的色彩联想,并能造成各种不同的艺术效果(图3-6、图3-7)。

在黑白摄影作品,可以看到每个物体的色彩感,都是由色彩的明度形成的明暗色调关系所暗示出来的。光谱中几种色相的明度以黄色明度为最高,紫色最暗,其余的红、橙、青、绿都是宽阔色域中的灰色调子。这些调子在写生中也是互相比较而存在的,黄色转暗为橙色,橙色转暗为红色等等。在光影空间中,形体呈两种色调的

图3-6 凡·高

图 3-7 王冠英

明度变化，一为受光变化(即五大调子)，另一为色彩明度变化。两者同时作用于视觉现象中。

在固定色彩明度的形体上，明暗调子的变化是不能超过它的明度变化区域的。固有色明度高而亮的形体，其五大调子对比较明显，色域也较宽；固有色明度低而暗的形体，其明暗对比较弱，色域较窄。各种色彩在光影中都有一定的色域范围(图 3-8)。如浅色的背景只能在中灰色调中扩展丰富。

深色陶罐的明暗变化微妙，亮部调子与暗部调子的明暗值较接近，反之就会有固有色变浅的感觉(图 3-9)。

□ 第3章　表面肌理与色彩感的表现

图 3-8

图 3-9

3.4 素描中表面肌理与色彩感的综合表现

我们通过素描静物学习塑造空间结构中的形体及透视、比例和明暗关系，提高整体空间的把握能力，增强对体量感、空间感、肌理与色彩感的综合表现能力。

图3-10是一组以静物素描为课题的练习，具体步骤如下：

步骤一，构图。

构图时要注意空间结构的完整性，要注意所要表现的物体的形体关系，将所要画的对象均衡、饱满地安排在画面中（图3-11）。

步骤二，起稿。

起稿时要注意每个形体的立体形态和其空间位置的准确性，切忌只看轮廓不见形体（图3-12）。

步骤三，上大调子。

这时应注意对画面整体的观察，不要马上进入到对局部的处理（图3-13）。

步骤四，具体刻画（图3-14）。

静物素描中形态的刻画是对体量感、空间感、材质与色彩感的综合表现。一般来说，硬质物体的转折比较明确、硬朗，软质物体的转折比较柔和且明暗过渡面宽。作画时要区别不同质感形体与明暗的变化，以用笔的技巧来表现这种区别。方法是多作比较，在比较中分析每个形态的软硬、轻重、前后及转折等诸多因素。

在局部基本刻画完成后，可以有节制地丰富色调变化。明暗关系的处理要注意各形体间最暗部与最亮部之间的黑、白、灰层次关系。经常检查整体与局部的各种关系，包括主体物与背景的空间关系是否融洽，物与物之间的关系是否平衡、协调等。在局部塑造时应尽量用线与明暗关系来贴切地表达形体，根据不同的质感和结构组成来安排和组织用笔的走向和轻重变化。

步骤五，整体调整，深入造型（图3-15）。

当局部塑造基本完成后，要进行画面的总体检查。首先在较远处观察，检查在深入过程中是否忽视了整体空间关系，每个形态的外轮廓是否连贯，亮部的层次和暗部的虚实是否画够，质感、空间感是否表现得充分得当。其次是在调整时应始终从整体出发，修正画得过分或不到位的地方。然后再整体检查几次，直到自己满意为止。

在画静物时，可以参考前面讲过的结构素描和装饰石膏的表现方法和步骤。

第3章 表面肌理与色彩感的表现

图 3-10　静物实体

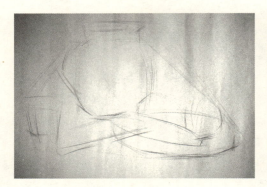

图 3-11　构图

图 3-12　起稿

图 3-13　上大调子

图 3-14　具体刻画

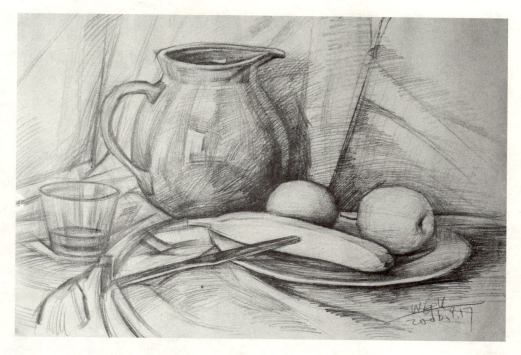

图 3-15 整体调整，深入造型

3.5 明暗素描的艺术特色

明暗技法作为一种艺术手段，具有较强的真实摹仿客观现实的能力，因此，能比较客观地再现物象。它既能比较真实地刻画客体表象，又能比较细腻地刻画内心世界。特别是有些感情较复杂的人物形象，通过明暗的细腻调子对细部的真实描绘，能较好地得到表现（图 3-16）。

有些时候，物象的外表就直接显示了其内在的实质，非常直接逼真地再现其外表，就表达了人物形象的内在精神，所以细部的真实刻画是不可少的。例如：各种质感的物体，各种材料不同的感觉。很多物体本身含有一定的内涵，再现了其特点的细节，就是再现了它们的主体。此外，明暗技法还有益于物象色彩感的表现。如果作者的指导思想在于以表现客体美为主，以再现客体对象的外界感觉及神态特征为主要目的，企图通过外表的描写传达出其内在的实质，那么，明暗表现技法就是必不可少的手段。从图3-17～图3-25中，我们可以看艺术家们在这方面多样的表现方法。

图3-16 斯托克

3.5 明暗素描的艺术特色

图 3-17 刘永杰

图 3-18 徐方

图 3-19 王冠英

□ 第3章 表面肌理与色彩感的表现

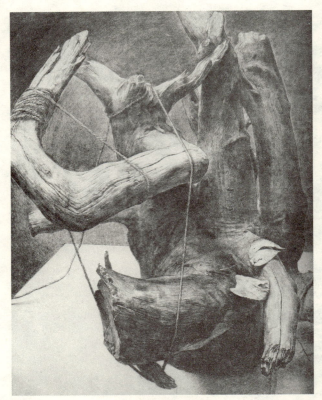

图 3-20 冯梦波

图 3-21 刘永杰

3.5 明暗素描的艺术特色

图 3-22 许可

图 3-23 苏圣亮

□ 第3章 表面肌理与色彩感的表现

图3-25 王冠英

图3-24 朱晓雯

第4章
形体的概括与快速表达

思维快速表达方法——在绘画中称之为速写(图 4-1)。

速写是指设计者在学习和设计准备阶段，用以收集资料和表达设计意图的徒手概括描绘的形式。速写是建筑设计者必须掌握的一项基本功。

用速写的形式分析、研究、记录和学习他人的设计思维、设计过程和设计理念。边学习速写边收集优秀的设计资料，对于学生熟练运用图解思考和加强设计草图技能有着重要的作用(图 4-2)。

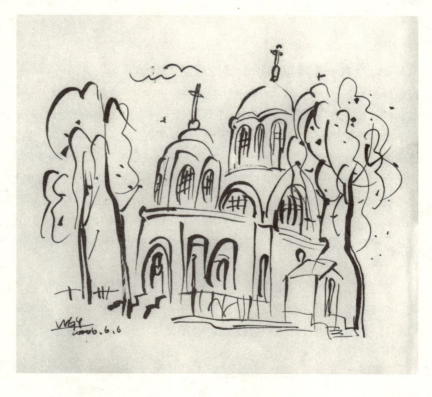

图 4-1　王冠英

图4-2 弗兰克·盖里

4.1 记录本——观察与思维快速表达的载体

快速记录本以随身携带为益。它既是速写本,又是记录视觉图像资料的笔记本,是一本平时所思所想的记录本。不要把内容局限在自己本专业的单一范围内,速写本应该成为个人记录感兴趣事物的视觉日记。我们从很多设计大师的速写本中看到,文字和图解信息在同一平面中共同起作用。视觉图像通过简练的文字标题加以分类,更有助于唤起我们的记忆。

4.2 了解并掌握工具——观察与思维快速表达的途径

快速记录本对工具的要求是方便使用、随身携带。最理想的工具便是美工钢笔,其他速写工具,如毛笔、圆珠笔及马克笔等也可以使用。初学者以熟练掌握一种工具为宜。钢笔徒手画,是技法运用和表现力最全面的速写形式之一(图4-3、图4-4)。

4.2 了解并掌握工具——观察与思维快速表达的途径

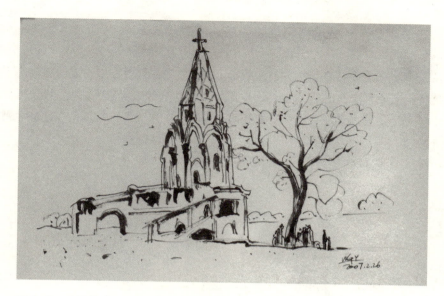

图 4-3　王冠英

图 4-4　王冠英

4.3 线条表现力——观察与思维快速表达的手段

钢笔运动轨迹便是线条。正如前面所指出的，线条的性质和造型表现力取决于用笔。钢笔优于其他可擦改工具(如铅笔)，它的特点在于其线条明确而清晰，线条画得对错，一目了然。这样就能促使我们反复练习和果断地运用线条进行造型。这是学习设计速写的必要过程。

为了进一步掌握线条技能，应先做临摹的练习(图4-5)。

图4-5　王冠英

在作线条技法练习时要注意运笔姿势。线条能否在纸面上自由流畅，速写工具能否得心应手，很大程度上取决于手腕的运动。在作画时，腕部若贴在桌上，其运动只限于手指的运动范围，画出的直线和排线则较短。若手稍悬腕，灵活运用肩、肘关节的协调配合，可画出自由流畅且长而直的线条和排线。另外，手指执笔宜高，指实掌虚，否则容易使线条僵硬、阻涩。

4.4 用线条表现质感——表现技法的再认识

排线可以表现明暗色调和质感。在排线技法中，由于线的间距变化和粗细交替，或由于排线的斜度不等，都会产生表层效果的不同感觉。在速写中我们所练习的排线是有节奏的、有次序的，目的是用色块造型。平行线条组成浅色块，交错线条用于表现中间色调和暗色调的不同层次。图4-6、图4-7就是排线技法的一些基本练习法。

4.4 用线条表现质感——表现技法的再认识

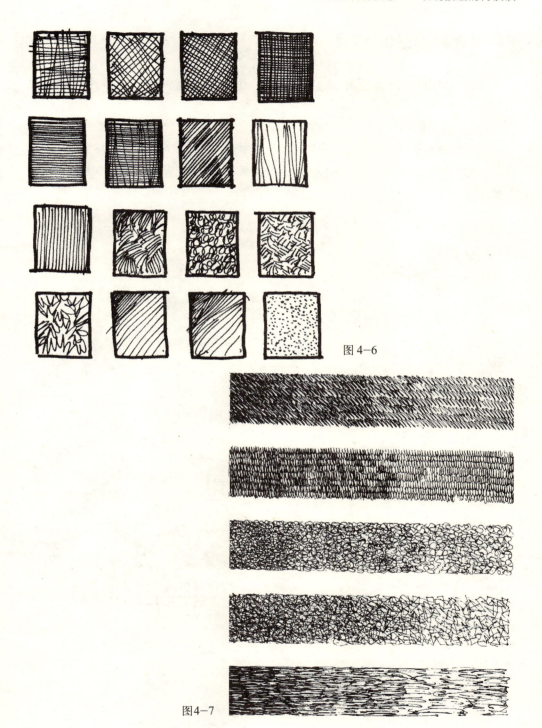

图 4-6

图 4-7

4.5 快速表现的步骤与要点

快速表现的一般步骤如图 4-8 所示，此外在快速表现中还应注意以下几方面。

1. 认识基本形体

速写的原则是快速、简易，最关键的是基本形体。如果基本形体的位置、比例不准确，那么到后面也不会有所改善。所以，在画基本形体的阶段，要仔细观察，果断落笔(图 4-9)。

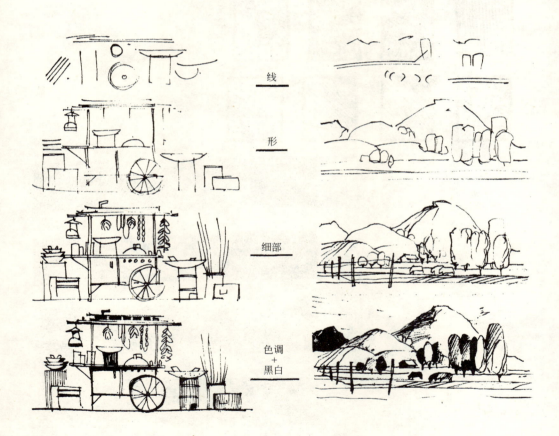

图 4-8　奥列佛——速写的步骤

4.5 快速表现的步骤与要点

图4-9 王冠英

2. 明暗色调在速写中的应用

明暗色调表示受光、阴影和色彩部分的明度值对比关系。仔细观察对象的黑白灰关系，明暗色调也可分三个步骤来画：首先，用线勾出基本轮廓与结构；其次，加入更多的细节，可在整个表面覆加所需的阴影排线；最后，在一切有阴影的部位画上更多的影线，以调整整体的明暗色调关系(图4-10)。

景物可从其平面交叠、色调的变化、暗部与投影几个方面去表现，故同一景物可有多种不同的表现方式(图4-11)。

3. 局部细节的概括与处理

色块中排线的方向并无严格规律，可以顺着对象的形体走向或表面的纹理排列。水平的阴影排线可用于水平物面，倾斜的阴影排线用于垂直物面。当两个垂直面相交时，两个面的阴影排线的斜度方向应有区别。局部细节往往是引人注目和激发兴趣的部位，从局部细节可以获知功能和材料的具体信息及与此有关的设计观念(图4-12、图4-13)。

第4章 形体的概括与快速表达

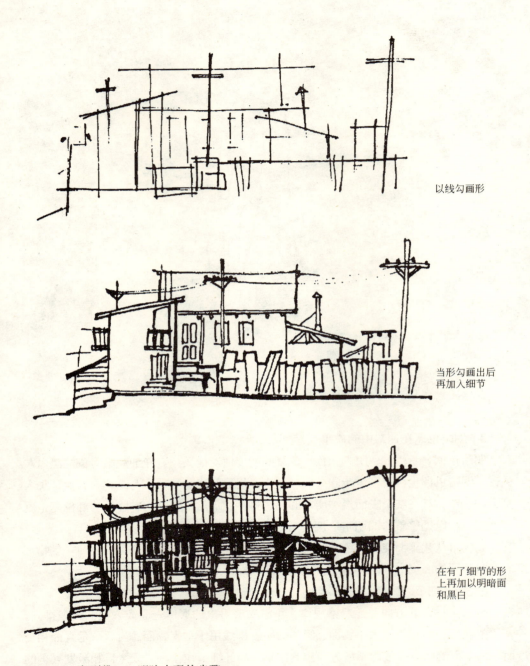

以线勾画形

当形勾画出后再加入细节

在有了细节的形上再加以明暗面和黑白

图 4-10 奥列佛——明暗表现的步骤

4.5 快速表现的步骤与要点

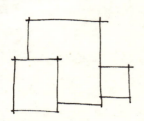

无色调变化
在速写中,除了用透视表现空间感以外,平面交叠也可以用来表现空间感,这些图例就是用来说明这些原理的。

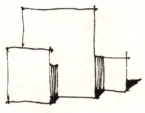

暗部与投影

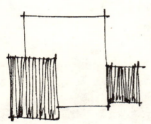

仅是色调的变化
此速写本身都是完整的,色调变化、暗部与投影仅仅是有助于增强题材的立体感。

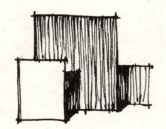

变化的色调、暗部和投影

图4-11 奥列佛——同一景物的几种表现方式

121

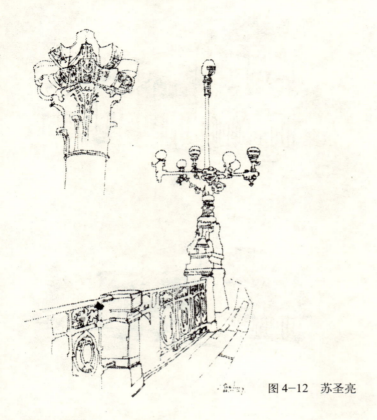

图 4-12 苏圣亮

图 4-13 苏圣亮

4.6 快速表现的训练步骤

1. 训练对形的敏感

在作画过程中，准确地概括复杂形体，生动地再现形态。

图4-14是原图，图4-15说明作画者以几何形组合来分析和概括复杂形状的整体关系，图4-16、图4-17是从整体出发摆脱了细节的束缚，把握住大形和概括细节后的自由表现。

2. 透摹训练

透摹练习是通过将硫酸纸蒙在速写范本上，用笔进行描写，学习作者用线和运笔的技巧。在学习中要注意体会运笔应有的节奏（图4-18、图4-19）。同时应注意绘画的顺序，先画大结构线，然后依先主后次的顺序透摹局部细节。

3. 临摹训练

临摹练习以别人画好速写作品和建筑照片为范本，训练眼睛的准确判断力和记忆能力。先临摹优秀的建筑速写，学习人家线造型的手法和概括、取舍的构图处理，推测作画的步骤。然后通过对着照片，将所学的构图和用线技法运用其中。再反复体会和学习他们的速写技法（图4-20）。

图4-14

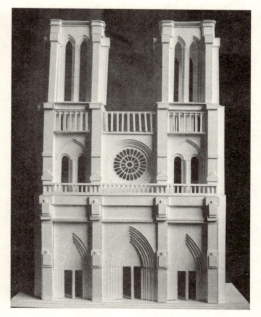

图4-15

□ 第4章 形体的概括与快速表达

图 4-16 黄凯妮

图 4-17 马婷

图 4-18 苏圣亮

图 4-19 黄凯妮

4.6 快速表现的训练步骤

图4-20 苏圣亮

4. 实地写生训练

写生练习是对着实景进行描绘。通过写生可以实践临摹练习中所学的构图概括、用笔等方面的知识和技能。对建筑规整的结构形态加以描绘,要求尽可能用三视图、透视图、功能图等多种形式分析对象,以深化我们的理解能力(图4-21～图4-24)。

图4-21 周国斌

第4章 形体的概括与快速表达

图4-22 王冠英

图4-23 王冠英

4.7 设计速写的形式

图4-24 邱兆达

4.7 设计速写的形式

通过想像我们可以进一步实践和检验前面所学的透视法则,并学习将信息在二维透视画面和三维空间之间进行自由转换,同时也要对构图的方法、黑白的布局、兴趣中心的控制加以学习并应用。方法参见图4-25、图4-26。

同一建筑可用不同的表现方法来表现效果。重点表现体量时,注重大的体积关系,并强调它的量感;重点表现建筑的形时,要强调建筑整体的形状;重点表现建筑的结构时,用线就更为方便;重点表现建筑的细节和表面肌理时,用色调就能更准确细致地表现(图4-27、图4-28)。

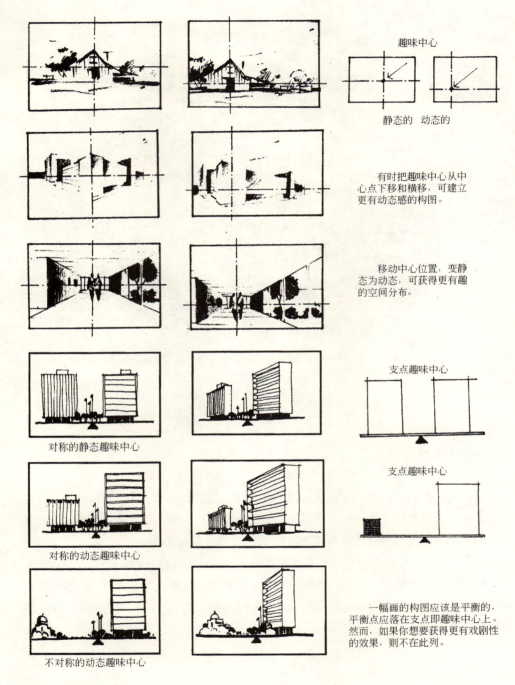

图 4-25 奥列佛一

4.7 设计速写的形式

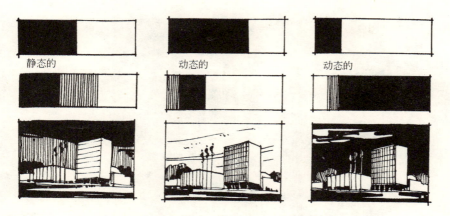

在一幅速写中巧妙地摆放形体可以获得较有趣味的构图，同样的构图，改变黑、白、灰的色度比例也可达此目的。

图 4-26 奥列佛二

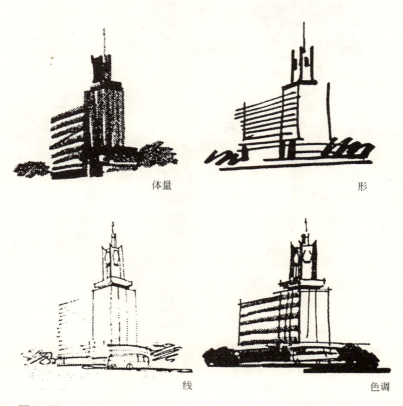

图 4-27

图 4—28　黄为隽

4.8　快速表现的应用

"草图是建筑师就一座还未建成的建筑与自我还有他人交流的一种方式。建筑师不知疲倦地将想法变成草图然后又从图中得到启示；通过一遍遍不断地重复这个过程建筑师推敲着自己的构思。他的内心斗争和'手的痕迹'赋予了草图以生命力。"——安藤忠雄

设计和创造过程通常需要三种活动：
(1) 收集与设计问题有关的各种因素和信息(要求、范围、形式)。
(2) 分析信息，了解设计问题的各个方面。
(3) 提出解决问题的办法(概念、结构和表达形式)。

对于每一种活动，以速写和草图的形式可以有效地帮助我们进行记录、分析和设计，并使设计思想的表达和交流更为便捷。

记录自己的观察与想像的图画，是设计专业人员和学习者日常获取信息的主要手段，同时也是设计思路的起点。一旦能随心所欲地表达自己的所见所思，那么就

进入了另一层次的阶段,即从学习过渡到了创作的阶段,思维的视觉化便成为可能。

　　对于一个主题的建筑设计创意方案,设计师要经过联想、想像、借鉴、反复的构思设想,并不断将浮现在脑海中朦胧的、尚未清晰的图像或意图以徒手、快捷的速写方式画成多种草图方案。通过平面图形、立体造型及符号等综合图像(如:布局、结构、空间尺度、比例、形状等),以轻快、松弛、线条流畅、疏密有致的速写语言表达出设计构思,随时根据显现的灵感、构思快速地画出草图。通过不断地画出草图方案,帮助设计师比较、推敲,使构思创意拓展延伸。构思速写是设计构思的主要手段,体现了设计活动的过程,并不要求成为一张完整的作品。在反复推敲构思的速写中,将草图分析、提炼,直到构思成熟、方案确定(图4-29~图4-32)。

　　下面是一些大师的草图与完成的设计的图例,从中我们可以看到构思草图和设计方案的关系(图4-33~图4-41)。

图4-29　黄为隽

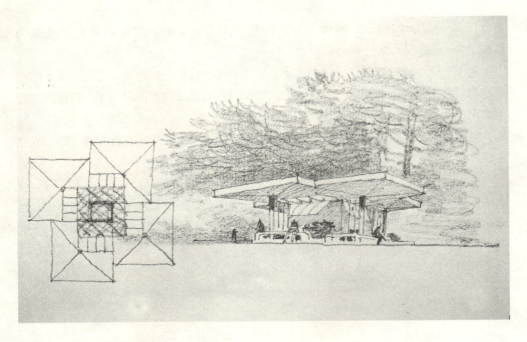

图 4-30 黄为隽

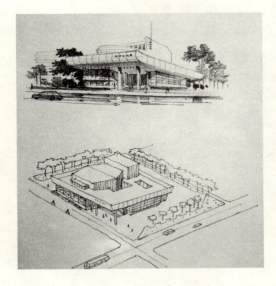

图 4-31 黄为隽

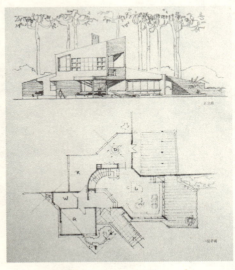

图 4-32 黄为隽

4.8 快速表现的应用

图4-33 马里奥·博塔

□ 第4章 形体的概括与快速表达

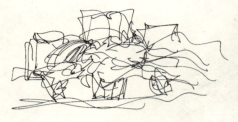

图4-34 弗兰克·盖里

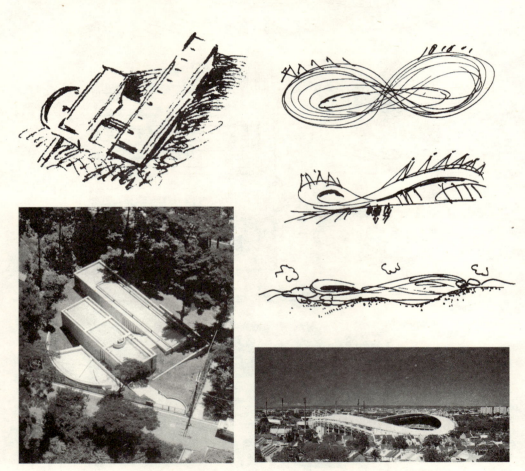

图4-35 安藤忠雄　　　　　图4-36 菲利普·考克斯

134

4.8 快速表现的应用

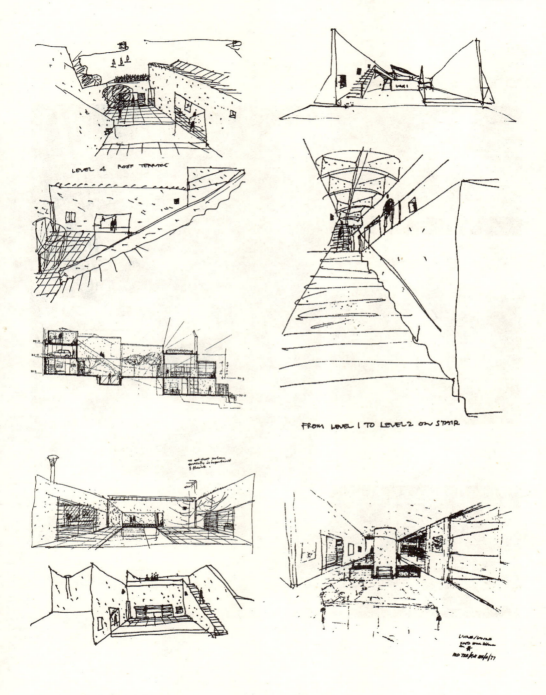

图 4-37　格伦·马库特

第4章 形体的概括与快速表达

图 4—38 瑞姆·库哈斯

4.8 快速表现的应用

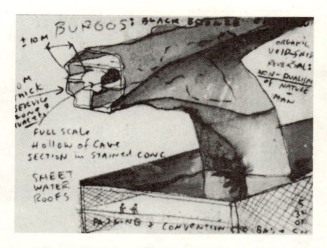

图4-39 斯蒂文·霍尔

第4章 形体的概括与快速表达

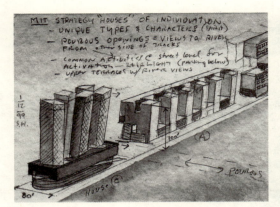

图 4-40 斯蒂文·霍尔

4.8 快速表现的应用

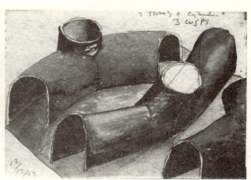

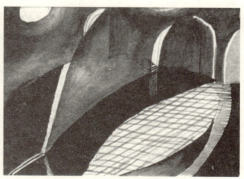

图4-41 斯蒂文·霍尔

第5章
形体的演绎与深入表达

5.1 基本形体的变化与联想

一、棱柱体的变化与联想

棱柱体是最常用的造型基本形体之一。棱柱体除了便于掌握外,它还是蕴含形象最多的形体,几乎所有世间存在的形体都含有棱柱体(图5-1~图5-10)。

图5-1

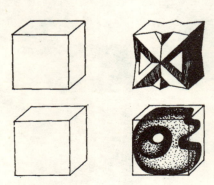

图5-2

5.1 基本形体的变化与联想

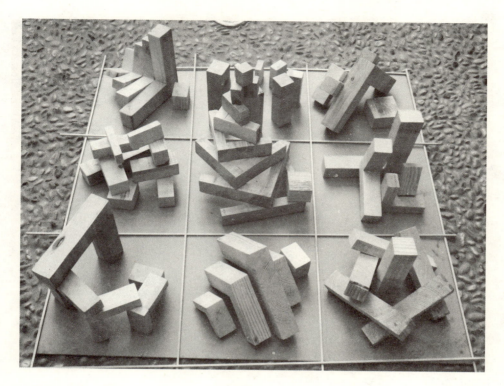

图 5-3

图 5-4

图 5-5

141

◨ 第5章 形体的演绎与深入表达

图 5-6

图 5-7

5.1 基本形体的变化与联想

图 5-9

图 5-8

图 5-10

二、圆球体的变化与联想

圆球体是另一种单纯的形体。在感觉上,它比棱柱体要单纯。从球体切下来的每一个面,其造型都是恒常如一,只有尺寸大小之异,所以圆球体被推为最完美的形体。由于球体的外弧形是一种弹性的象征,有力量感,又和自然生命相联系,所以在立体艺术中经常采用(图5-11~图5-18)。

图5-11

图5-12

5.1 基本形体的变化与联想

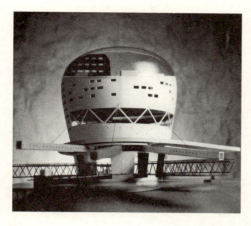

图 5-13　瑞姆·库哈斯

图 5-14

图 5-15

□ 第 5 章　形体的演绎与深入表达

图 5-16

图 5-17

图 5-18

三、金字塔体(圆锥体)的变化与联想

金字塔体是一种永恒、稳定的空间形象。它是由三个以上的三角形结合并相交于一个共同点而形成一个尖端所产生的实体形象。从造型上面看，它是由一根直线一端固定形成一个尖端头，同时整线沿折线或多边形运动的结果。它的每一个面都是三角形平面(图5-19~图5-25)。

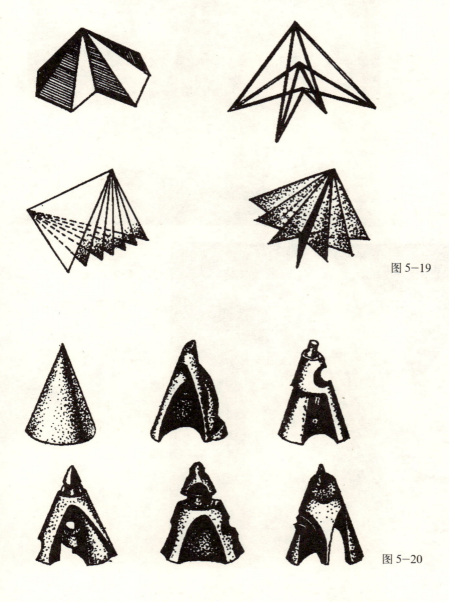

图 5-19

图 5-20

□ 第 5 章　形体的演绎与深入表达

图 5-21

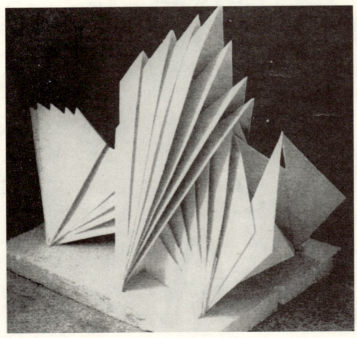

图 5-22

5.1 基本形体的变化与联想

图 5-23

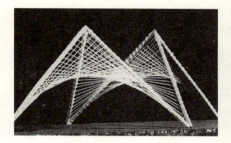

图 5-25

图 5-24

四、圆柱体的变化与联想

圆柱体是介于棱柱体和圆球体之间的形体,可以理解为它是含于圆球体和棱柱体之内的形体(图 5-26～图 5-32)。

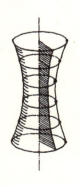   

图 5-26　　　　　　　　　　　图 5-27

149

第 5 章　形体的演绎与深入表达

图 5-28

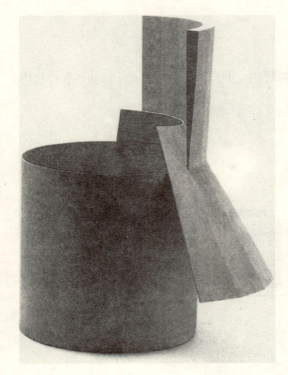

图 5-29

5.1 基本形体的变化与联想

图 5-30

图 5-31

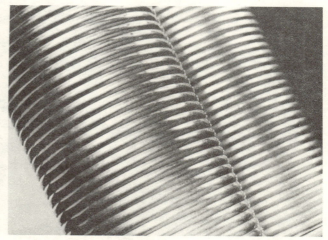

图 5-32

五、形体扭曲的变化与联想

随着人们对材料熟悉程度的加深以及造型趣味和能力的变化,自然会发现与利用扭曲这一有趣的成型手段。扭曲,就是对材料进行挤压、拉伸、扭转等,使之在原造型基础上产生变形,呈现出新造型的成型方法。通过扭曲方法而成型的作品,形象生动、自然,线条、块面、体量的变化都十分流畅。在形体的圆弧线和流动的线面关系中隐含某种不定因素,这种因素结合好的空间感,会产生一种格调高雅的艺术趣味(图5-33~图5-38)。

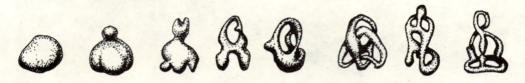

图 5-33

图 5-34 亨利·摩尔

5.1 基本形体的变化与联想

图 5-35　亨利·摩尔

图 5-36　亨利·摩尔

□ 第5章 形体的演绎与深入表达

图 5-37 亨利·摩尔

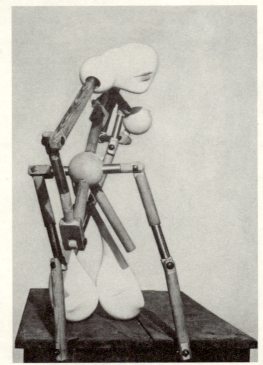

图 5-38 亨利·摩尔

六、组合体的变化与联想

组合体是用已有的基本造型单位，如几何体块、现存物品、生活废弃物等进行构成组合，创造新型的一种造型手段。它具有加法的某些要素，但更确切地看，这是一种"安排"，即并不要求挖空心思去塑造或做出一个从无到有的造型，而是要通过对现成造型单体进行挑选、构思、安排，把原来各自独立的形体结合起来，组成一个新造型，使原单体失去其原有的独立内容，成为统一造型语言中的一部分。组合是造型中的常用手法，在立体造型设计的各个领域，如建筑设计、雕塑、公共环境艺术、舞台美术、工业设计乃至舞蹈、戏剧的编导等，使用频繁。与其他方法相比，组合成型法是一种思维性很强的方法。而且在组合预想和组合过程中，它的思维的逻辑性占有很重要的地位。因此，可以将组合看作是一种偏重理性的创造方法。设计者可以先通过推导，找出组合要素（还可用计算机来帮助推导），根据这些要素，把它们在一定条件下的各种造型的可能性全部找出来，最后由审美直觉，选择合意的造型。组合是以逻辑思维完成的，它为我们提供了可能有的造型样式。接下去要做的就是选择，选择有意思的样式，发掘连接方式的不同与角度的不同。基本造型单位增加，组合要素随之增加，可推导出的造型可能就越多，可供选择的方案也越多。在众多的方案中进行选择，其方案的质量必定上乘。以往的造型，单靠直觉去碰，有一定的偶然性。所以对于建筑设计这是很好的方法。作为一种造型手段，它在训练人的空间思维能力、造型构思能力和判断力方面，均是其他方法无法代替的。组合成型是在各种立体成型方法中最能延伸空间、造就空间气氛的一种方式。

组合一般可分为相似形组合、非相似形组合、复合材料的组合，其中手段有排列、集聚、非集聚性组合、重叠（图5-39）。

1. 排列

排列是将一基本造型单位或不同的造型单位在设计中连续使用，从而发展、延伸为一个完整的新型（图5-40）。

单一造型单位的排列，是利用形的重复或型体尺度、空间间距的有秩序变化（按数列变化或不按数列变化），而强调韵律、运动，得到新的造型和发展新的空间（图5-41、图5-42）。

2. 集聚

集聚是指多个造型单位（同型的和非同型的），通过某种作用力（意念的和机械的）聚集于一起或构成聚集趋势，以产生新造型。这种造型凝结力强，能表现内力的运动与外表平静的戏剧性冲突（图5-43）。

□ 第5章 形体的演绎与深入表达

图 5-39

图 5-40

图 5-41

5.1 基本形体的变化与联想

图 5-42

图 5-43

图 5-44

157

相似形体的集聚组合,能产生一种机械美感,体现出统一的力量,并强调单体的作用及意义。当单型与单型之间没有间隔时,组合而成的造型显得紧凑而坚实。视觉对象的各个组成部分,在形体、色彩、方向、体量上越是相似,它看上去就越是统一。所以,建筑中常采用相似形集聚造型。非相似形的集聚是用不同的造型和体量的造型单体进行组合的造型方式。这类作品造型变化大,空间变化丰富,光影效果好,还有一种矛盾冲突感(图5-44)。

3．非集聚性组合

非集聚性组合是指各造型单位(同一形体或不同形体)互相保持一定的空间距离,或在视觉上由分离与发射状而构成的统一整体造型(图5-45)。这类作品,能表现因运动、分离作用而产生的某种空间关系,以暗喻某种哲理。

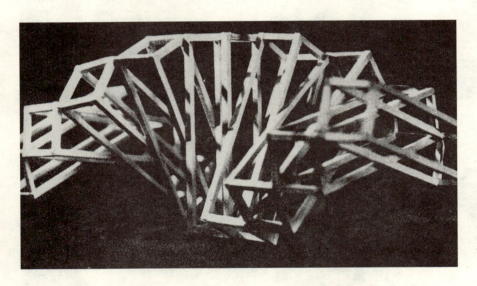

图 5-45

5.2 形体的演绎与深入表达

一、形体在空间的想像与表现课题

1．想像的形体与空间表现

图5-46～图5-51的作品,是作者在纸的平面上画出了形体在假设空间中的状态。学生通过这种训练,会开阔思路、加强创造力等方面的能力,为今后的设计中,对形体和空间关系的想像处理打下较好的基础。

5.2 形体的演绎与深入表达

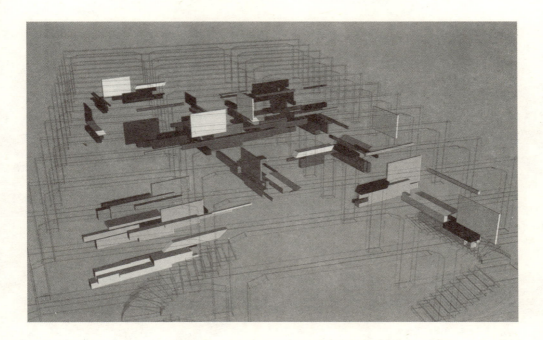

图 5-46

图 5-47 金嘉晨

□ 第5章 形体的演绎与深入表达

图 5-48

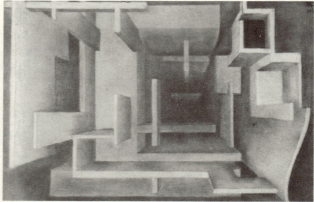

图 5-49

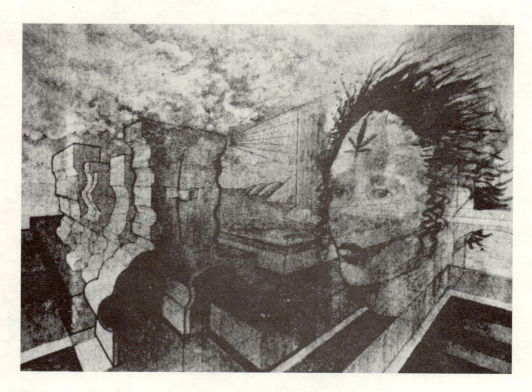

图 5-50

图 5-51

2. 现实的形体与空间表现

对我们所看到的空间的描绘,是我们认识空间和形体最直接的方式(图5-52~图5-56)。通过这方面的练习,让学生了解和发现自己生活的周围,就有我们要学习和认识的空间和形体。

图 5-52 许建坤

图 5-53

图 5-54　黄凯妮

图 5-55

图 5-56　李默

二、形体表情的演绎课题

1. 轻与重

形体和空间的关系会传达出不同的情感。图 5-57～图 5-61 的作品，不同的形体，不同的质感，在空间中表现出了不同的感受——有的神秘，有的沉重，有的轻松愉快。让学生通过这方面的练习，在今后的设计中，了解物体在不同形体间的空间组合，会给人们一种新的认识的感受。

5.2 形体的演绎与深入表达

图 5-57 玛格利特

图 5-58

163

图 5-59

图 5-60　王冠英

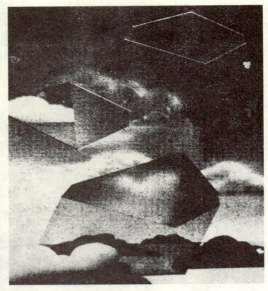

图 5-61

2．柔与刚

怎样处理不同的材料，是设计者很重要的课题。由于处理方法的不同，可以使不同质感的材料改变其给人们的感受。坚硬的物体可以变得很软，天上的云彩可以变得很硬。在这个练习中我们可以学习到，不同材质的材料，由于外观形状的不同，会给人们以不同甚至相反的视觉感受（图 5-62～图 5-67）。

图 5-62　玛格利特

5.2 形体的演绎与深入表达

图 5-63

图 5-64

图 5-65

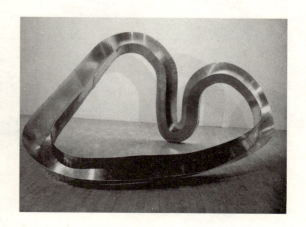

□ 第5章　形体的演绎与深入表达

图 5-66

图 5-67　玛格利特

三、形体与空间的演绎课题

1. 形体与形体的交流

在设计中形体和形体之间需要在空间中有机地组合在一起，才会给人以艺术感。所以学习设计的同学应重视这一课题的学习，在定稿前应反复推敲形体间的关系，直到满意为止。这方面可以多参考世界现代艺术家的雕塑作品，从中会有很多有益的启示(图5-68～图5-72)。

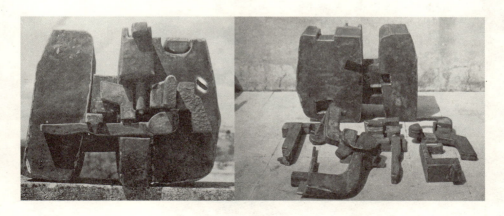

图5-68　王冠英

第5章 形体的演绎与深入表达

图 5-69

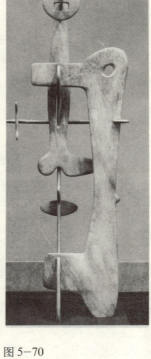

图 5-70

图 5-71

图 5-72　享利·摩尔

2. 形体与空间的交流

形体是不能独立存在的，必须和空间发生关系。这方面的练习会让学生注意形体和空间的有机关系，在注意形体之间关系的同时还要注意和空间的交流，这样才能较全面地体会到设计的思维状态(图 5-73～图 5-75)。

图 5-73

图 5-74

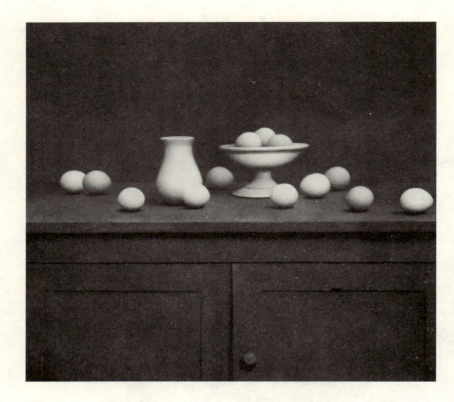

图 5-75

四、形体与空间不同感觉转换的演绎课题

1. 宏观微观化

这里要学习的是把很广阔的景物,概括成可一目了然的画面,对将来较大面积的设计规划有一个感觉上的认识(图 5-76~图 5-83)。

2. 微观宏观化

通过练习微观宏观化,会改变你的观察和思维方式,学会从不同的角度观察周边的事物。在宏观和微观的转化过程中,可以使学生体会到个体和群体之间的关系,了解到如何处理局部和整体关系(图 5-84~图 5-87)。斯蒂文·霍尔的"Y"住宅就是这种思维很好的阐释(图 5-88)。

5.2 形体的演绎与深入表达

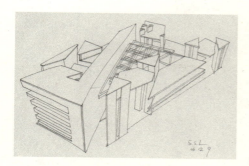

图 5-76　苏圣亮

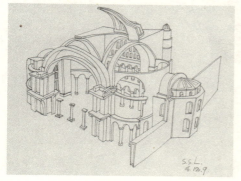

图 5-78　苏圣亮

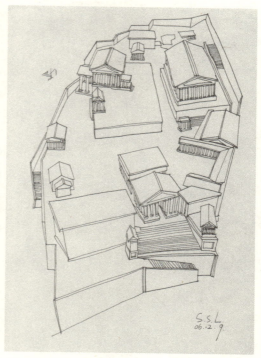

图 5-77　苏圣亮

图 5-79

171

□ 第 5 章　形体的演绎与深入表达

图 5-80　苏圣亮

图 5-81

图 5-82

5.2 形体的演绎与深入表达

图 5-83

图 5-84

图 5-85 包维礼

图 5-86 苏圣亮

图 5-87 许建坤

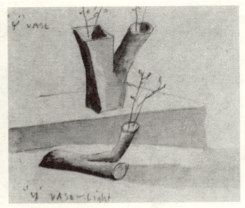
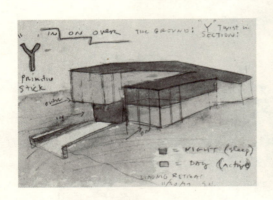

图 5-88　斯蒂文·霍尔

五、形体与空间的综合深入表现课题

1．打散与组合

不受任何约束，大胆地想像与设计出你心中的多个形体和空间的组合，创造出你自己心中想像的复杂的关系。学会不要受任何条条框框的束缚，培养自己对设计的信心和能力（图 5-89～图 5-94）。

5.2 形体的演绎与深入表达

图 5-89

图 5-90

图 5-91

第5章 形体的演绎与深入表达

图 5—92

图 5—93

图 5—94

5.2 形体的演绎与深入表达

2. 想像空间与形体的综合设计(图 5-95～图 5-102)

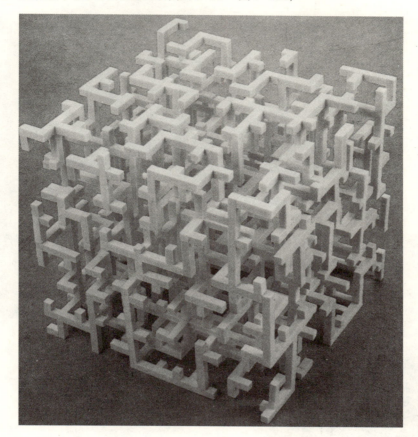

图 5-95

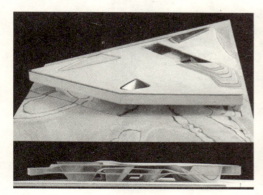

图 5-96

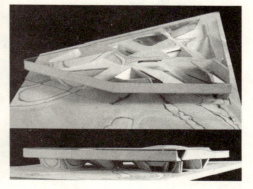

□ 第5章 形体的演绎与深入表达

图 5-97

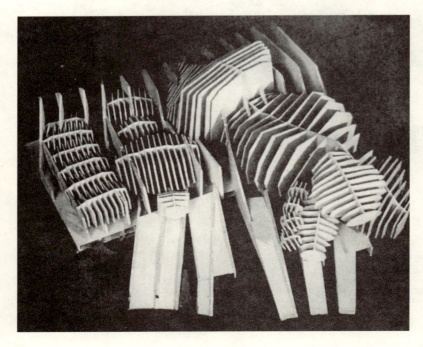

图 5-98

5.2 形体的演绎与深入表达

图 5-99　弗兰克·盖里

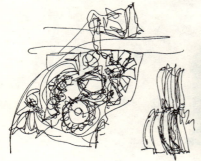

图 5-100　弗兰克·盖里

图 5-101　弗兰克·盖里

□ 第5章 形体的演绎与深入表达

图 5-102　苏圣亮

参考文献

[1] (美)伯纳德·奇特. 素描艺术 [M]. 意强, 效营译. 杭州: 浙江美术学院出版社, 1993.

[2] 吴宪生. 素描教学新论 [M]. 安徽: 安徽美术出版社, 1991.

[3] (俄)O.A.叶列梅耶夫, H.H.列宾, B.A.科罗廖夫. 科学素描教程 [M]. 张秀筠译. 天津: 天津人民美术出版社, 1996.

[4] (苏)阿·捷依涅卡. 素描自学辅导 [M]. 马文启, 李克译. 沈阳: 辽宁美术出版社, 1985.

[5] 刘远智. 建筑绘画的快速表现技法 [M]. 北京: 中国建筑工业出版社, 1993.

[6] 设计素描. 瑞士塞尔设计学校基础教学大纲. 上海: 上海人民美术出版社, 1985.

[7] (美)斯图瓦特·珀塞. 现代素描技法 [M]. 杨志达, 杨岸青译. 长沙: 湖南美术出版社, 1990.

[8] (日)安达博文. 现代素描技法 [M]. 白鸽译. 北京: 北京工艺美术出版社, 1986.

[9] 陈立勋, 冯信群. 新概念素描—艺术设计基础 [M]. 北京: 中国轻工业出版社, 1999.

[10] (美)托马斯C.王. 铅笔速写技法 [M]. 温家骏译. 北京: 机械工业出版社, 2007.

[11] (美)R.S.奥列佛. 风景建筑速写 [M]. 杨径青, 杨志达译. 南宁: 广西美术出版社, 2003.

[12] (美)内森·戈尔茨坦. 美国人物素描完全教材—人体结构、解剖学与表现性设计 [M]. 李亮之等译. 上海: 上海人民美术出版社, 2005.

[13] 世界建筑导报—设计论谈. 世界建筑导报, 2005.

[14] 黄为隽. 建筑设计草图与手法 [M]. 天津: 天津大学出版社, 2006.

[15] 姚波. 建筑风景铅笔画法 [M]. 西安: 陕西人民美术出版社, 2001.

[16] 孙科峰, 王轩远, 张天臻. 建筑设计—快题与表现 [M]. 北京: 中国建筑工业出版社, 2005.

[17] 陈伟. 马克笔的景观世界 [M]. 南京: 东南大学出版社, 2005.

[18] 朱瑾. 建筑效果图快速表现技法 [M]. 南昌: 江西美术社出版, 2006.

[19] (西)马加利·德尔加多·亚内斯,埃内斯特·雷东多·多米格斯.建筑与室内设计—基础教学 [M].薛振冰译.南宁：广西美术出版社,2006.

[20] 于亨.建筑速写 [M].北京：机械工业出版社,2005.

[21] (日)南云治嘉.视觉表现 [M].黄雷鸣等译.北京：中国青年出版社,2004.

[22] 张伶伶,李存东.建筑创作思维的过程与表达 [M].北京：中国建筑工业出版社,2001.

[23] (美)保罗·拉索.图解思考—建筑表现技法 [M].邱贤丰,刘宇光,郭建青译.北京：中国建筑工业出版社,2002.

[24] 马克辛.诠释手绘设计表现 [M].北京：中国建筑工业出版社,2006.

[25] (美)约瑟夫·穆格奈尼.美国当代素描教学—素描的潜在要素 [M].钟署珩译.北京：中国工人出版社,1990.

[26] 陈守义.素描·构成·表现 [M].杭州：浙江人民美术出版社,2000.

[27] 许之敏.造型设计基础—立体构成 [M].北京：中国轻工业出版社,2001.

[28] 周刚.体验设计·素描 [M].北京：中国美术学院出版社,2004.

[29] 孔繁强.设计素描.上海：上海交通大学出版社,2000.

后 记

　　美术基础教学教材种类很多。由于各个学校、各个专业培养的目标不同，所需的内容也不尽同。我们上海大学美术学院建筑专业，也有我们自己的教学重点和培养方向。我们的生源是艺术生，学生们已经有了一定的美术基础，而针对这类学生的建筑美术基础教学却是个空白。我们翻阅了国内外大量资料，研究了其他教材的特点，通过教学实践检验，编写了这样的一本教材。

　　教材通过大量的图片，主要在以下方面进行了探讨：1.建立空间的概念；2.建立形体的概念；3.建立结构的概念；4.对形体在空间里的想像力的培养；5.表达以上这些概念和能力的表现手段。为今后的建筑专业学习打下了良好的思维基础，提供了丰富的表现手段。在加强艺术修养的问题上，由于篇幅所限，学生可以在今后的实践中多去学习。

　　本书所借鉴及参考的国内外资料在前面都一一列出，由于时间和条件的限制个别作者并没有及时联系，请见谅。

王冠英于上海锦秋花园
2007年10月8号